机械制图与 CAD

武永鑫　主　编

清华大学出版社
北京

内 容 简 介

本书从机械制图的基本理论和基础知识出发，以贯彻"少而精""理论与实践相结合"为指导思想，以加强读者画图、读图能力的培养为目的，力求讲深、讲透制图的理论知识。

本书的主要内容包括制图的基础知识及简单绘图、投影基础、组合体、轴测投影图、机件的常用表达方法、标准件和常用件、零件图和装配图。每章后面还介绍了计算机绘图的相关知识，让读者在学习理论知识的同时，能够掌握 CAD 软件绘图技能。本书融汇了最新的国家标准，为便于读者学习，对解题步骤、作图过程采用了图解的方法，再配以详尽的文字说明。在内容编排上，注意内容的系统性、科学性和实践性，力求概念清楚、重点突出、深入浅出、通俗易懂。本书有配套的习题，以"实用、够用"为度，遴选具有代表性图例，以帮助学生建立空间想象能力。

本书适合高等院校理工、机电类各专业作为"机械制图"课程的教材，也可作为专业技术人员的自学和参考书。

图书在版编目(CIP)数据

机械制图与 CAD/武永鑫主编. —北京：清华大学出版社，2023.3（2024.2 重印）
ISBN978-7-302-62907-8

Ⅰ. ①机⋯　Ⅱ. ①武⋯　Ⅲ. ①机械制图—AutoCAD 软件—高等学校—教材　Ⅳ. ①TH126

中国国家版本馆 CIP 数据核字(2023)第 030617 号

责任编辑：陈冬梅
装帧设计：李　坤
责任校对：吕丽娟
责任印制：沈　露
出版发行：清华大学出版社
　　　　　网　　　址：https://www.tup.com.cn，https://www.wqxuetang.com
　　　　　地　　　址：北京清华大学学研大厦 A 座　　　邮　　　编：100084
　　　　　社 总 机：010-83470000　　　　　　　　邮　　　购：010-62786544
　　　　　投稿与读者服务：010-62776969, c-service@tup.tsinghua.edu.cn
　　　　　质量反馈：010-62772015, zhiliang@tup.tsinghua.edu.cn
　　　　　课件下载：https://www.tup.com.cn，010-62791865
印 装 者：三河市少明印务有限公司
经　　销：全国新华书店
开　　本：185mm×260mm　　　印　张：14.5　　　字　数：345 千字
版　　次：2023 年 3 月第 1 版　　　印　次：2024 年 2 月第 2 次印刷
印　　数：1501～2500
定　　价：48.00 元

产品编号：084395-01

前　言

随着科学技术的发展，全国高等院校的教育教学改革也在不断深入，目的是培养更多的技能型、应用型人才。"机械制图与CAD"是理工科类高等院校必修的一门基础课。为了更好地适应现代应用技术教育的现状，本着"注重应用技术技能训练，基础理论以实用、够用为度"的原则编写了《机械制图与CAD》和《机械制图习题精编及解答》。

本书在编写中，主要考虑了以下几点。

- 阐明基本理论和基础知识，突出重点；以"少而精""理论与实践相结合"为指导思想。
- 以加强读者画图、读图能力的培养为目的，力求讲深、讲透制图的理论知识。为便于读者学习，本书对解题步骤、作图过程采用了图解的方法，再配以详尽的文字说明。
- 为便于教学，在本书的编排上注重内容的系统性、科学性和实践性，力求概念清楚、深入浅出、通俗易懂。

本书融汇了最新的国家标准，如《产品几何技术规范(GPS)几何公差 形状、方向、位置和跳动公差标注》(GB/T 1182—2008)、《技术制图投影法》(GB/T 14692—2008)、《技术制图标题栏》(GB/T 10609.1—2008)和《产品几何技术规范(GPS)技术产品文件中表 面结构的表示法》(GB/T 131—2006)等。

本书的主要内容包括制图的基础知识及简单绘图、投影基础、组合体、轴测投影图、机件的常用表达方法、标准件与常用件、零件图、装配图。每章后面还介绍了计算机绘图的相关知识，让学生在学习理论知识的同时，能够掌握CAD软件绘图技能。

本书由亳州学院武永鑫教授主编。在本书出版之际，对本书做出贡献的有关人员表示衷心的感谢。在本书的编写过程中，我们参考了一些同类教材，特向作者表示感谢。

由于编者水平有限，书中难免存在疏漏，敬请广大师生和读者批评、指正。

编　者

目　　录

绪　　论

　　人类表达思想最基本的工具是语言和文字。在工程上表达技术思想，仅用语言和文字就显得非常不足了。例如，制造压盖(见图 0-1)零件时，就难以用语言或文字准确地表达出它的形状和大小等，如果采用图样(见图 0-2)表达就一目了然了。

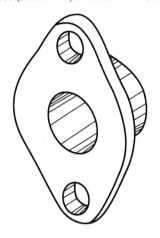

图 0-1　压盖

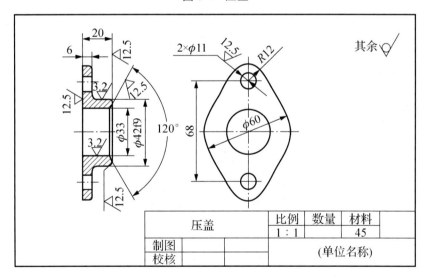

图 0-2　压盖工程图

　　工程图(工程语言)：在工程技术及生产过程中，按照一定的投影方法和技术规定，将物体的结构形状、尺寸和技术要求正确地表达在图纸上的图。在机械、化工、建筑等领域都要用图样来表达设计意图、组织生产和进行实际生产。因此，工程图是一种表达和交流技术思想的重要工具，是工程界共同的技术语言。

一、制图的学习目的、内容和方法

目前，我国正处于科学技术飞跃发展的新时期，对从事现代化生产的技术人员来说，必须熟悉本专业使用的图样。制图课是一门技术基础课，通过制图课的学习，可使学生掌握制图的基本理论、基础知识和基本技能，具有一定的识读和绘制本专业图样的能力，为生产实践做出更大的贡献。

制图课的主要内容：了解制图的基础知识。学习与制图有关的国家标准及行业标准，制图工具及使用方法以及基本几何作图的方法。

- 投影作图：介绍表达各种形体的投影原理和方法。
- 工程制图：介绍识读和绘制工程图样的规则和方法。
- 软件绘图：介绍 AutoCAD 软件绘图。

制图课是一门既有理论又有较强实践性的技术基础课，课程内容需要通过看图和画图实践才能掌握。学习时，要认真听课，在掌握基本理论和方法以及严格遵守"国标"有关规定的基础上，运用图物转化规律，多看、多画、反复练习，通过认真完成一系列制图作业来逐步培养自己的空间想象力，提高自己识读和绘制图样的能力。

二、我国工程图的发展简介

制图是研究工程图样的一门科学，同其他科学一样，是劳动人民在长期生产实践中创造和发展起来的。它随着生产的发展而发展，反过来又促进生产的发展。在我国古代，由于水利工程、房屋施工和宫廷建筑的需要，很早就创造了以平面图形来表示空间物体形状的方法。自秦汉以来，历代就已开始根据图样建造宫室。由此可见，我国古代在建筑制图方面已有了相当的成就。北宋时期，李诫所著的《营造法式》中记载的图样如图 0-3 所示，已与近代的正投影图十分相近。明代宋应星所著的《天工开物》中，也有许多表示机械形状和构造的图样。

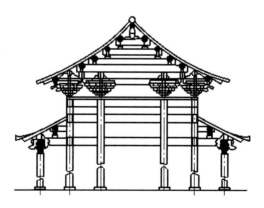

图 0-3 殿堂侧面图

从历史资料可以看出，我国古代在制图学方面有着光辉的成就。但从鸦片战争至新中国成立前，由于我国长期处于半封建半殖民地的状况，制图标准非常混乱，工业生产处于十分落后的境地。

新中国成立后,科学技术发展迅速,制图标准也得到相应的发展。国家科学技术委员会于 1959 年颁布了国家标准《机械制图》供设计和生产部门共同遵守,从此结束了新中国成立前遗留下来的机械制图标准混乱的局面。多年来,为了适应国内生产技术的发展和国际间科学技术交流的需要,国家标准计量局曾对制图标准进行了多次修订,现在执行的是国家市场监督管理总局发布的制图系列最新国家标准。

第一章　制图的基础知识及简单绘图

　　图样是产品从市场调研、方案确定、设计制造、检测安装以及使用到维修整个过程必不可少的技术资料，也是工程界的技术语言，是指导现代化生产的重要技术文件。为了便于生产、管理和交流，必须对图样的画法、尺寸注法、所用代号等作统一的规定。这些规定统一由国家制定和颁布实施。国家标准《技术制图》和《机械制图》是工程技术界重要的技术基础标准，是绘制和阅读机械图样的准则和依据。

　　工程图样：在工程技术和生产过程中，按照一定的投影方法和技术规定，将物体的结构形状、尺寸和技术要求正确地表达在图纸上。

　　国家标准的代号以 GB 开头，例如 GB 4457.4—2002，其中 GB 为“国家”和“标准”两个词的汉语拼音的首字母，4457.4 为标准的编号，2002 表示该标准是 2002 年颁布的。

第一节　国家标准《机械制图》基本规定

　　本节简要介绍国家标准对图纸幅面、格式、比例、字体、图线及其画法和尺寸注法的有关规定。

一、图纸的幅面尺寸和图框格式

(一)图纸的幅面尺寸

　　绘制技术图样时，应优先采用表 1-1 所示的基本幅面。图幅代号分为 A0、A1、A2、A3 和 A4 五种。必要时，也允许选用国家标准中所规定的加长幅面，这时幅面尺寸按基本幅面的短边以整数倍增加。

表 1-1　图纸的基本幅面及图框尺寸

幅面代号	A0	A1	A2	A3	A4
B-L	841×1189	594 ×841	420 ×594	297×420	210×297
e	20			10	
c	10			5	
a	25				

(二)图框格式

　　在图纸上必须用粗实线画出图框。图框分为留装订边和不留装订边两种格式，分别如图 1-1 和图 1-2 所示。但同一种产品的图样应该采用同一种格式。

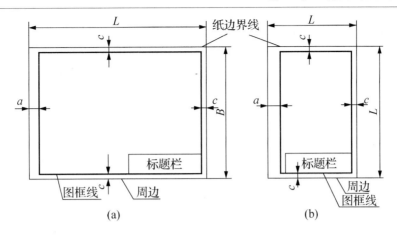

图 1-1　留装订边的图框格式

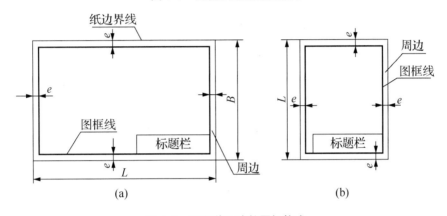

图 1-2　不留装订边的图框格式

(三)标题栏的格式

每张图样中均应有标题栏,应按照《技术制图　图纸幅面和格式》(GB/T 14689—2008)所规定的位置配置,其格式如图 1-3 所示,此时,看图的方向与标题栏的方向一致。图 1-4所示为学生在制图作业中采用的简化标题栏。

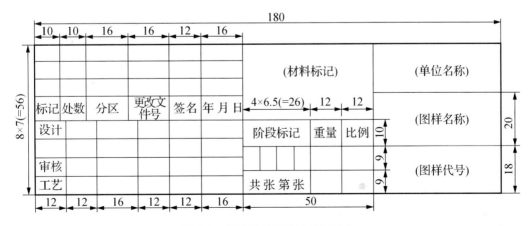

图 1-3　标题栏的标准格式和尺寸

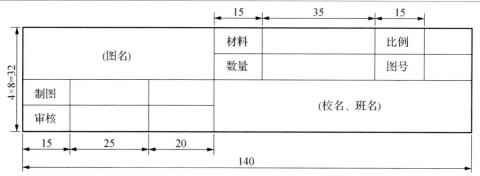

图 1-4   制图作业中使用的简化标题栏格式

二、比例

比例是指图中图形与实物相应要素的线性尺寸之比。

绘图时尽可能采用原比例画图，但各种机件大小及结构复杂程度不同，实际中需要采用放大或缩小比例来绘图。需要按比例绘制图样时，应从《技术制图 比例》(GB/T 14690—1993)规定的系列中选取适当的比例，规定的比例如表 1-2 所示，必要时也允许按表 1-3 所示的比例选取。但要注意，无论采用哪种比例，图形上所标注的尺寸必须是机件的实际大小，与图形的比例无关。还应注意，带角度的图形无论放大还是缩小，仍应按照原角度画出。

表 1-2   规定的比例(一)

种 类	比 例
原值比例	$1:1$
放大比例	$2:1$ $5:1$ $1 \times 10^n:1$ $2 \times 10^n:1$ $5 \times 10^n:1$
缩小比例	$1:2$ $1:5$ $1:1 \times 10^n$ $1:2 \times 10^n$ $1:5 \times 10^n$

表 1-3   规定的比例(二)

种 类	比 例
放大比例	$2.5:1$ $4:1$ $2.5 \times 10^n:1$ $4 \times 10^n:1$
缩小比例	$1:1.5$ $1:2.5$ $1:3$ $1:4$ $1:6$ $1:1.5 \times 10^n$ $1:2.5 \times 10^n$ $1:3 \times 10^n$ $1:4 \times 10^n$ $1:6 \times 10^n$

一般应将比例标注在标题栏的比例栏内。比例符号应以"："表示，如 1：1、1：5、2：1 等。必要时，可在视图名称的下方或右侧标注比例，例如：

$$\underline{I \quad I} \qquad \underline{B-B} \qquad \underline{平面图}$$
$$2:1 \quad 1:100 \qquad 2.5:1 \qquad 1:100$$

三、字体(GB/T 14691—1993)

制图时字体的基本要求如下。

(1) 在图样中书写的汉字、数字和字母，必须做到字体工整、笔画清楚、间隔均匀、排列整齐。

(2) 字体高度(用 h 表示)的公称尺寸系列(单位为 mm)为 1.8、2.5、3.5、5、7、10、14、20。字体号数代表字体的高度(如 7 号字为 $h=7$ mm)。

(3) 汉字应写成长仿宋体,并采用国家正式公布的简化字。

(4) 字母和数字分为 A 型和 B 型。A 型字体的笔画宽度(d)为字高(h)的 1/14,B 型字体的笔画宽度(d)为字高(h)的 1/10。在同一图样上,只允许一种规格的字体。

(5) 数字和字母可以写成斜体和正体。斜体字字头向右倾斜,与水平基准线成 75°角。汉字只能使用正体。汉字、字母和数字的示例如表 1-4 所示。

表 1-4　长仿宋体汉字、字母和数字示例

字　体		示　例
长仿宋体汉字	10 号	字体工整、笔画清楚、间隔均匀、排列整齐
	7 号	横平竖直起落有锋,结构均匀填满方格
	5 号	亳州市汤王大道 2266 号亳州学院欢迎您
	3.5 号	生来最怕出名,偏坐拥黄山九华天柱
拉丁字母	大写斜体	*ABCDEFGHIJKLMNOPQRSTUVWXYZ*
	小写斜体	*abcdefghijklmnopqrs tuvwxyz*
阿拉伯数字	斜体	*0123456789*
	正体	0123456789

四、图线及其画法(GB/T 17450—1998,GB/T 4457.4—2002)

(一)线型

工程图样的图形、符号等都是由图线组成的。图线是起点和终点以任意方式连接的一种几何图形,可以是直线或曲线,也可以是连续线或不连续线。表 1-5 所示为国家标准规定的几种基本线型的名称、形式、宽度及其应用;图线的类型与应用示例如图 1-5 所示。

表 1-5　国家标准规定的基本线型

图线名称	图线样式	图线宽度	主要用途
粗实线	————————	d=0.25~2	可见轮廓线、移出剖面线的轮廓线、可见导线等
虚线	— — — — —	约 $d/4$	不可见轮廓线、辅助线、机械连接线、屏蔽线等
细实线	————————	约 $d/4$	尺寸线、尺寸界线、剖面线、引出线等
点画线	— · — · —	约 $d/4$	轴心线、中心线、对称中心线、结构围框线等
双点画线	— ·· — ·· —	约 $d/4$	假想投影轮廓线、极限位置轮廓线、辅助围框线等
波浪线	～～～～	约 $d/4$	断裂的边界线、视图与剖视的分界线等
双折线	～∿～∿～	0.25d	断裂处边界线等

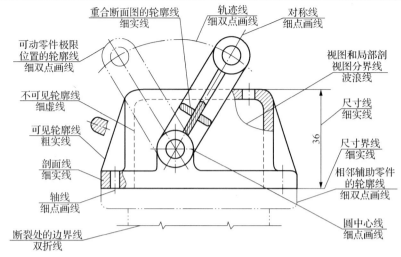

图 1-5　图线的类型与应用示例

(二)图线画法

画图线时应注意以下几个问题。

(1)　在同一张图样中，同类图线的宽度应基本一致，虚线、点画线等不连续的画线和间隔应各自相等。

(2)　点画线和双点画线的首末两端一般应该是线而不是点，且应该超出图形 2～3 mm，图线之间相交、相切时应与线段相交或相切。

(3)　虚线与虚线相交及虚线与实线相交处不应留空隙。

(4)　在较小的图形上画点画线或双点画线有困难时，可用细实线代替。

(5)　若各种图线重合，应按粗实线、虚线、点画线的顺序选用线型。

(6)　当虚线是粗实线的延长线时，虚线与粗实线的分界处应留出空隙。

五、尺寸注法(GB/T 4458.4—2003 和 GB/T 16675.2—1996)

在图样中，除了要表达机件的结构形状外，还需要标注尺寸，以确定机件的大小。
标注尺寸时，必须遵守国家标准，准确、完整、清晰地标出形体的实际尺寸。

(一)基本规则

(1)　机件的真实大小应以图样上所注的尺寸数值为依据，与图形的大小及绘图的准确度无关。

(2)　图样中(包括技术要求和其他说明)的尺寸以毫米为单位时，不需要标注计量单位的代号和名称；采用其他单位时，则应注明相应的单位符号，如米、千克应写成 m、kg 等。

(3)　机件的每一个尺寸，一般只标注一次，并标注在反映该结构最清楚的图形上。

(4)　图样中所标注的尺寸为该图样所示机件的最后完工尺寸；否则应另加说明。

(二)尺寸的组成

图样中标注的尺寸一般由尺寸界线、尺寸线、尺寸线终端(箭头、斜线、点)和尺寸数字(包括符号)组成，如图1-6所示。

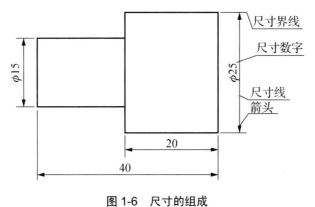

图 1-6　尺寸的组成

1. 尺寸界线

(1)　尺寸界线用来表示所注尺寸的范围。
(2)　尺寸界线用细实线绘制，由图形的轮廓线、轴线或对称中心线处引出。
(3)　尺寸界线一般应与尺寸线垂直，必要时才允许倾斜，并需超出尺寸线末端2～3 mm。
(4)　可利用轮廓线、轴线或对称中心线作为尺寸界线。

2. 尺寸线

尺寸线用来表示尺寸度量的方向。尺寸线必须用细实线绘在两尺寸界线之间，且与所标注的线段平行；尺寸线不能用其他图线代替，不得与其他图线重合或画在其延长线上。同方向尺寸线之间距离应均匀，间隔 5～10 mm。尺寸线不能相互交叉，而且要避免与尺寸界线交叉。

3. 尺寸线终端

尺寸线的终端有箭头、点和斜线几种形式。箭头适用于各种类型的图样。一般机械图样的尺寸线终端画箭头，土建图的尺寸线终端画斜线(用细实线)。同一张图样上箭头的形式和大小应尽可能保持一致，箭头的位置应与尺寸界线接触，不得超过或留有空隙。在位置不够的情况下，允许用圆点代替箭头。

4. 尺寸数字

尺寸数字用来表示机件的实际大小。线性尺寸数字一般应注写在尺寸线的上方，也允许注写在尺寸线的中断处，同一张图样上注写方法应一致。

线性尺寸的数字方向一般应按图 1-7(a)所示方向注写，并尽可能避免在图示 30°范围内标注尺寸。若无法避免，可以图1-7(b)所示的形式标注。

尺寸数字采用正体或斜体阿拉伯数字，同一张图样中尺寸数字应保持字高一致。

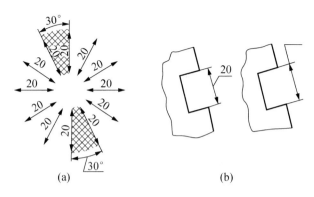

图 1-7 尺寸数字

第二节 平 面 图 形

平面图形是由若干线段组成的。画平面图形前，需要根据图中的尺寸，确定先画哪些线段，后画哪些线段。标注尺寸时，要根据线段间的几何关系，确定需要标注哪些尺寸，并使标出的尺寸正确、完整、清晰。

一、尺寸分析

1. 定形尺寸

确定平面图形中线段的长度、圆弧的半径、圆的直径以及角度大小等尺寸，称为定形尺寸，如图 1-8 所示的手柄的定形尺寸为 14、R12、R30、R52、R5 等。

2. 定位尺寸

确定平面图形中几何元素位置的尺寸称为定位尺寸。有时某个尺寸既是定形尺寸，也是定位尺寸，具有双重作用。图 1-8 中的 14、80 即为定位尺寸。

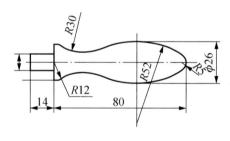

图 1-8 手柄的尺寸

3. 尺寸基准

尺寸基准是指标注定位尺寸的起点。标注定位尺寸时，必须与尺寸基准相联系。一个平面图形应有两个坐标方向的尺寸基准，通常以图形的对称轴线、圆的中心线以及其他线段作为尺寸基准。

二、线段分析

平面图形中的线段，根据其定位尺寸的完整性，可分为已知线段(弧)、中间线段(弧)和连接线段(弧)三类。

1. 已知线段(弧)

定形尺寸和定位尺寸均给出，可直接绘制的线段称为已知线段。图 1-8 所示为 $R12$、$R5$ 等弧线。

2. 中间线段(弧)

已知定形尺寸和一个定位尺寸，另一个定位尺寸必须根据与相邻已知线段的几何关系才能求出的线段为中间线段。图 1-8 所示为 $R52$ 圆弧，其圆心长度方向的定位尺寸未知，需要利用与 $R5$ 圆弧的连接关系(内切)才能求出圆心和连接点。每个封闭图形中可以有一个或多个中间线段，也可以没有。

3. 连接线段(弧)

只知定形尺寸，其位置必须依靠两个相邻的已知线段求出，才能绘出的线段，如图 1-8 所示的 $R30$ 圆弧。

第三节　绘制简单图形

知识目标

(1) 掌握坐标系的概念。

(2) 掌握绝对直角坐标、相对直角坐标、绝对极坐标、相对极坐标的定义。

(3) 掌握利用绝对直角坐标、相对直角坐标、相对极坐标及直接输入距离数值精确绘图的方法。

能力目标

具备利用输入坐标精确绘图的能力。

一、工作任务

工作任务是绘制图 1-9 所示的简单图形。

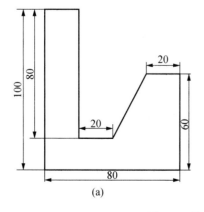 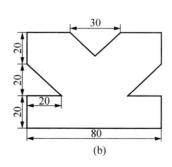

　　　　(a)　　　　　　　　　　　　　　(b)

图 1-9　简单图形

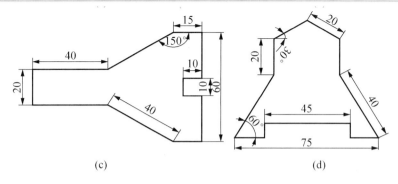

(c)   (d)

图 1-9　简单图形(续)

通过绘制图 1-9 所示的四个图形，学习利用绝对直角坐标、相对直角坐标、绝对极坐标、相对极坐标精确绘图的方法。

二、相关知识

(一)软件界面的组成

AutoCAD 软件界面的组成包括标题栏、选项卡、面板、绘图区、命令行、文本窗口、坐标系图标及状态栏等。

1. 标题栏

标题栏位于界面的顶部，用于显示当前正在运行的 AutoCAD 应用程序名称及保存和打开的路径等信息。如果是 AutoCAD 默认的图形文件，其名称为 Drawing$n$.dwg(n 代表数字，如 Drawing1.dwg、Drawing2.dwg 等)。

2. 选项卡

AutoCAD 默认选项卡有 9 个，分别是常用、网格建模、渲染、插入、注释、参数化、视图、管理和输出选项卡。选项卡就是 AutoCAD 以前的菜单，单击某个选项卡就会调出相应的对话框。

3. 面板

面板相当于 AutoCAD 的菜单，是 AutoCAD 提供的执行命令的一种快捷方式。单击工具栏上的图标按钮，即可执行该图标按钮对应的命令。如果将光标移至工具栏图标按钮上停留片刻，会显示该图标按钮对应的命令名。同时，在状态栏中将显示该工具栏图标按钮的功能说明和相应的命令名。

① 常用：包括建模、网格、实体编辑、绘图、修改、截面、视图、子对象、图层、特性、实用工具、剪贴板等命令。

② 网格建模：包括图元、网格、编辑网格、转换网格、截面、子对象等命令。

③ 渲染：包括视觉样式、边缘效果、光源、阳光和位置、材质、相机、动画、渲染等命令。

④ 插入：包括参照、块、属性、输入、数据、链接和提取等命令。

⑤ 注释：包括文字、标注、引线、表格、标记、注释、缩放等命令。

⑥　参数化：包括几何、标注、管理等命令。

⑦　视图：包括导航、视图、坐标、视口、选项板、三维选项板、窗口等命令。

⑧　管理：包括动作录制器、自定义设置、应用程序、CAD 标准等命令。

⑨　输出：包括打印、输出为 DWF/PDF、三维打印等命令。

4. 状态栏

状态栏位于界面的底部。左侧显示的是当前十字光标所处的三维坐标值，中间是绘图辅助工具的开关按钮，包括捕捉模式、栅格显示、正交模式、极轴追踪、对象捕捉、对象追踪、DUCS、DYN、线宽和模型、快速查看布局、快速查看图形、平移、缩放、注释比例、初始设置工作空间、锁定工具栏、全屏等按钮。单击按钮，当其呈凹下状态时表示已将此功能打开，当其呈凸起状态时则是将此功能关闭。

5. 命令行

命令窗口由命令提示窗口和命令历史记录窗口两部分组成，命令提示窗口是 AutoCAD 显示用户从键盘输入的命令和提示信息的地方。

6. 初始设置

左键单击状态栏中的 ⚙初始设置工作空间 →，绘图界面就变成 AutoCAD 以前的绘图界面。

7. 绘图区

AutoCAD 2022 版本的绘图区默认为月白色，可以单击"工具"按钮，选择"选项"命令，打开"选项"对话框，切换到"显示"选项卡，然后对窗口元素及颜色进行设置。AutoCAD 的绘图区域是无限大的，用户可以通过缩放、平移等命令，在有限的屏幕范围来观看绘图区中的图形。

8. 十字光标

十字光标用于拾取点、选择对象等操作。在不同状态下，十字光标的显示状态也不同，用户可以根据绘图需要或爱好自行设定。

(二)图形文件的管理

1. 创建新图形

新图形的创建有以下三种方式。
①　命令：输入 NEW，按回车键。
②　绘图工具栏：单击"新建"按钮，选择"新建"命令。
③　标准工具栏：单击"新建"按钮。

2. 打开图形文件

打开图形文件有以下三种方式。
①　命令：输入 OPEN，按回车键。

② 绘图工具栏：单击"打开"按钮，选择"打开"命令。

③ 工具栏：单击"打开"按钮。

3. 保存图形

保存图形有以下几种方式。

① 命令：输入 QSAVE，按回车键。

② 绘图工具栏：单击"保存"按钮，选择"保存"命令。

③ 标准工具栏：单击"保存"按钮。

④ 命令：输入 SAVES，按回车键。

⑤ 绘图工具栏：单击"另存为"按钮，选择"另存为"命令。

(三)直线命令

1. 功能

在 AutoCAD 中，使用 Line 命令可以在任意两点之间画直线。另外，也可以连续输入下一点，画出一系列连续的直线段，直到按回车键或空格键退出画直线命令为止。

2. 调用命令

① 绘图工具栏：单击"直线"图标按钮 。

② 命令：输入 LINE，按回车键。

③ 菜单：选择"绘图"→"直线"命令。

3. 操作步骤

```
命令：_line
指定第一点： *输入直线段的起点，用鼠标指定点或者指定点的坐标*
指定下一点或［放弃(U)］： *输入直线段的端点*
指定下一点或［放弃(U)］： *输入下一直线段的端点。单击鼠标右键，选择"确定"命令，或按
回车键，结束命令*
指定下一点或［闭合(C)/放弃(U)］： *输入下一直线段的端点，或输入选项 C 使图形闭合，结
束命令*
```

下面对命令行中的有关提示进行说明。

① 执行画直线段命令，一次可画一条直线段，也可连续画多条直线段。每条直线段都是一个独立的对象。

② 输入坐标时可以输入指定点的坐标值。

③ U(Undo)代表消去最后画的一条线。

④ C(Close)代表终点和起点重合，图形封闭。

(四)执行命令

AutoCAD 属于人机交互式软件，在绘图或进行其他操作时，首先要向系统发出命令，具体执行方式如下。

1. 通过菜单执行命令

通过菜单栏，执行对应的操作命令。

2. 通过工具栏执行命令

单击工具栏上的按钮，执行对应的操作命令。

3. 通过键盘输入命令

当命令提示窗口中最后一行为"命令："时，通过键盘输入对应的命令并按回车键或空格键，即可启动对应的命令，然后系统会提示用户执行后续的操作。要想采用这种方式，需要用户记住各个操作命令。

4. 重复执行命令

当执行完某一命令后，如果需要重复执行该命令，除通过上述三种方式执行该命令外，还可以用以下方式重复执行命令。

① 直接按键盘上的回车键或空格键。

② 使光标位于绘图窗口，右击，弹出快捷菜单，在菜单的第一行显示重复执行上一次的命令，选择此菜单项可重复执行对应的命令。

5. 放弃命令

"放弃"命令可以实现从最后一个命令开始，逐一取消前面已经执行过的命令。调用该命令的方式有以下几种。

① 菜单：选择"编辑"→"放弃"命令。

② 工具栏：单击"放弃"按钮 放弃 。

③ 命令：输入 UNDO 或 U，按回车键。

6. 重做命令

"重做"命令可以恢复刚执行的"放弃"命令所放弃的操作。调用该命令的方式有以下几种。

① 菜单：选择"编辑"→"重做"命令。

② 工具栏：单击"重做"按钮 重做 。

③ 命令：输入 REDO，按回车键。

7. 终止命令

在命令执行过程中，可通过按 Esc 键，或右击绘图窗口后从弹出的快捷菜单中选择"取消"命令，终止命令的执行。

(五)坐标系

1. 笛卡儿坐标系

AutoCAD 使用了多种坐标系以方便绘图，如笛卡儿坐标系(CCS)、世界坐标系(WCS)和用户坐标系(UCS)等。

任何一个物体都是由三维点构成，有了一个点的三维坐标值，就可以确定该点的空间位置。AutoCAD 采用三维笛卡儿坐标系来确定点的位置。用户打开 AutoCAD 时自动进入笛卡儿右手坐标系的第一象限(即世界坐标系)。在状态栏显示的三维数值即当前十字光标所处的空间点在笛卡儿坐标系中的位置。在默认状态下，绘图区窗口中只能看到 XOY 平面，因而只有 X 和 Y 的坐标在不断地变化，而 Z 轴的坐标值一直为零。在默认状态下，可以把它看成一个平面直角坐标系。

在 XOY 平面上绘制、编辑图形时，只需输入 X 轴、Y 轴的坐标，Z 轴坐标由 AutoCAD 自动赋值为 0。

2. 用户坐标系

AutoCAD 可接受 UCS，UCS 是根据用户需要而自定义的，以方便用户绘制图形。在默认状态下，UCS 与 WCS 相同，用户可以在绘图过程中根据具体情况来定义 UCS。

执行"视图"→"显示"→"UCS 图标"命令，可以打开和关闭坐标系图标，也可以设置是否显示坐标系原点，还可以设置坐标系图标的样式、大小及颜色。

3. 世界坐标系

WCS 是 AutoCAD 的基本坐标系，位移从原点(0,0)开始计算，沿着 X 轴和 Y 轴的正方向位移为正向；反之为负向。在三维空间工作还有 Z 轴，原点坐标为(0,0,0)。

(六)坐标的输入

用鼠标可以直接定位坐标点，但不是很精确。采用键盘输入坐标值可以精确地定位坐标点。

AutoCAD 可使用以下几种坐标系来确定 XY 平面中的点，即绝对直角坐标系、相对直角坐标系、相对极坐标系和直接输入距离数值。

1. 绝对直角坐标

绝对直角坐标：是指点相对于原点(0,0)的距离。

其格式为 X, Y。其中，X 和 Y 分别是输入点绝对于原点的 X 坐标和 Y 坐标。

例如，在绘制二维直线的过程中，若点的直角坐标为(100,80)，则输入"100,80"后，按回车键或空格键确定。

2. 相对直角坐标

相对直角坐标：指在已经确定一点的基础上，下一点相对于该点的坐标差值。它们的位移增量为 ΔX、ΔY。

其格式为 @$\Delta X, \Delta Y$。其中，$\Delta X, \Delta Y$ 为相对于上一点的坐标增量，正值表示沿 X 轴或 Y 轴的正方向。

例如，在绘制直线时，确定第一点位置为(120,100)后，在命令行提示符下输入第二点的位置。若关闭动态输入，采用相对直角坐标方式，则输入"@60,50"后按回车键或空格键，确定第二点的位置。若打开动态输入，采用相对直角坐标方式，即输入"60,50"后按回车键或空格键，确定第二点的位置。

3. 相对极坐标

相对极坐标：是以上一个操作点为极点。

其格式为@距离＜角度($@\rho<\theta$)。其中，ρ表示输入点与上一点间的距离，θ表示输入点与上一点间的连线与X轴正方向的夹角，逆时针方向为正。

例如，输入"@10<20"，表示该点距上一点的距离为 10，和上一点的连线与X轴成20°角。

4. 直接输入距离数值

利用直接输入距离数值的方法，可以通过确定直线的长度与方向来绘制直线。显示的距离和角度是 AutoCAD 提供的动态输入模式，在光标附近提供一个命令界面，用户可以在绘图窗口中观察下一步的提示信息和一些有关数据，该信息随着光标的移动而动态更新。当某个命令被激活时，提示工具栏将提供输入命令和数据的坐标值。

线段的方向可由光标位置确定，长度可从键盘输入。如果设置为正交选项，可以在确定长度后在正交方向上用光标定位，沿着X轴或Y轴绘制直线。

三、任务实施

第一步 利用绝对直角坐标，绘制图 1-9(a)所示的简单图形。

① 新建文件，文件名为"绝对直角坐标"。

② 建立绝对直角坐标表格，各点的绝对直角坐标如表 1-6 所示。

③ 运用绝对直角坐标绘制图形。

表 1-6 绝对直角坐标

点	坐 标	点	坐 标
1	100,100	6	160,160
2	100,200	7	180,160
3	120,200	8	180,100
4	120,120	返回 1 点	
5	140,120		

执行直线(line)命令，命令提示序列如下：

```
命令：__line 指定第一点：100,100
指定下一点或[放弃(U)]：100,200
指定下一点或[放弃(U)]：120,200
指定下一点或[闭合(c)/放弃(u)]：120,120
指定下一点或[闭合(C)/放弃(u)]：140,120
指定下一点或[闭合(C)/放弃(u)]：160,160
指定下一点或[闭合(C)/放弃(u)]：180,160
指定下一点或[闭合(c)/放弃(u)]：180,100
指定下一点或[闭合(C)/放弃(u)]：c
命令：ZOOM
```

指定窗口的角点,输入比例因子(nX 或 nXP),或者 [全部(A)/中心(c)/动态(D)/范围(E)/上一个 (P)/比例(S)/窗口(W)/对象(O)]<实时>：A

第二步 利用相对直角坐标,绘制图 1-9(b)所示的简单图形。

① 新建文件,文件名为"相对直角坐标"。

② 建立相对直角坐标表格,各点的相对直角坐标如表 1-7 所示。

③ 运用相对直角坐标绘制图形。

表 1-7　相对直角坐标

点	坐　标	点	坐　标
1	50,50	8	@15,15
2	@0,20	9	@25,0
3	@20,0	10	@0,-20
4	@-20,0	11	@-20,-20
5	@0,20	12	@20,0
6	@25,0	13	@0, -20
7	@15,-15	返回原点	

执行直线(line)命令,命令提示序列如下:

命令：_line 指定第一点：50,50
指定下一点或[放弃(U)]：@0,20
指定下一点或[放弃(u)]：@20,0
指定下一点或[闭合(C)/放弃(U)]：@-20, 0
指定下一点或[闭合(c)/放弃(U)]：@0,20
指定下一点或[闭合(C)/放弃(U)]：@25,0
指定下一点或[闭合(c)/放弃(U)]：@15,-15
指定下一点或[闭合(c)/放弃(u)]：@15,15
指定下一点或[闭合(c)/放弃<U>]：@25,0
指定下一点或[闭合(c)/放弃(u)]：@0,-20
指定下一点或[闭合(c)/放弃(U)]：@-20,-20
指定下一点或[闭合(c)/放弃(u)]：@20,0
指定下一点或[闭合(c)/放弃(u)]：@0,-20
指定下一点或[闭合(c)/放弃(u)]：c
命令：Zoom
指定窗口的角点,输入比例因子(nX 或 nXP),或者[全部(A)/中心(c)/动态(D)/范围(E)/上一个 (P)/比例(s)/窗口(W>/对象(O)]<实时>：a

第三步 利用相对极坐标,绘制图 1-9(c)所示的简单图形。

① 新建文件,文件名为"相对极坐标"。

② 建立相对极坐标表格,各点的相对极坐标如表 1-8 所示。

③ 利用相对极坐标绘制图形。

表 1-8 相对极坐标

点	坐 标	点	坐 标
1	50,50	8	@10<-90
2	@20<90	9	@10<0
3	@40<0	10	@25<-90
4	@40<30	11	@15<180
5	@15<0	12	@40<150
6	@25<-90	返回原点	
7	@10<180		

执行直线(line)命令，命令提示序列如下：

命令：_line 指定第一点：50,50
指定下一点或[放弃(U)]：@20<90
指定下一点或[放弃(u)]：@40<0
指定下一点或[闭合(C)/放弃(u)]：@40<30
指定下一点或[闭合(c)/放弃(u)]：@15<0
指定下一点或[闭合(c)/放弃(u)]：@25<-90
指定下一点或[闭合(c)/放弃(U)]：@10<180
指定下一点或[闭合(c)/放弃(u)]：@10<-90
指定下一点或[闭合(c)/放弃(u)]：@10<0
指定下一点或[闭合(c)/放弃(u)]：@25<-90
指定下一点或[闭合(c)/放弃(U)]：@15<180
指定下一点或[闭合(c)/放弃(U)]：@40<150
指定下一点或[闭合(c)/放弃(u)]：c
命令：Zoom
指定窗口的角点,输入比例因子(nX 或 nXP),或者[全部(A)/中心(C)/动态(D)/范围(E)/上一个
(P)/比例(s)/窗口(W)/对象(O)]<实时>：a

第四步 直接输入距离数值，绘制图 1-9(d)所示的简单图形。

① 新建文件，文件名为"直接输入距离数值画线"。

② 直接输入距离数值画线。

a. 执行直线(line)命令，用鼠标在绘图区域指定一点作为图形左下角的点，然后水平移动鼠标。单击 DYN(正交)按钮，使其凹下，打开动态输入。从键盘输入距离数值 15 后按回车键。

b. 垂直向上移动鼠标，从键盘输入距离数值 8 后按回车键。

c. 水平向右移动鼠标，从键盘输入距离数值 30 后按回车键。

d. 垂直向下移动鼠标，从键盘输入距离数值 8 后按回车键。

e. 水平向右移动鼠标，从键盘输入距离数值 15 后按回车键。

f. 倾斜向上移动鼠标，从键盘输入距离数值 40 后按回车键。注意角度为 120°。

g. 垂直向上移动鼠标，从键盘输入距离数值 60 后按回车键。

h. 倾斜向上移动鼠标，从键盘输入距离数值 20 后按回车键。注意角度为 120°。

i. 倾斜向下移动鼠标，从键盘输入距离数值 20 后按回车键。注意角度为 120°。

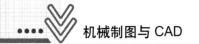

j. 垂直向下移动鼠标，从键盘输入距离数值 60 后按回车键。

k. 从键盘输入字母"c"后按回车键完成绘制，如图 1-9(d)所示。

提示： 在角度不能确定的情况下，可以在输入长度数据后，按 Tab 键再输入角度数据，最后按回车键完成图线的绘制。

第二章 投影基础

在平面上用图形来表示空间形体时，首先要解决的问题是如何把空间形体表示到平面上。本章内容是本课程的基础理论，通过本章的学习，能够掌握机械图样的绘制原理和方法，为学习后续的内容奠定基础。

第一节 正投影法

一、投影的概念

当阳光或灯光照射物体时，在地面或墙面上会产生影像。这种投射线(如光线)通过物体向选定的面(如地面或墙面)投射，并在该面上得到影像的方法，称为投影法。投影法所得到的图形称为投影图，简称投影，得到投影的面称为投影面。

二、投影法的分类

投影法分为两类，即中心投影法和平行投影法。

(一)中心投影法

图 2-1 所示为来自投射中心 S 的投射线对 $\triangle ABC$ 向投影面 P 投射，得到投影 $\triangle abc$，即 $\triangle ABC$ 在投影面 P 上的投影。

这种投射线汇交于一点的投影法称为中心投影法，所得投影称为中心投影。

(二)平行投影法

假设将图 2-1 中的投射中心 S 移到无穷远处，所有投射线相互平行。这种投射线相互平行的投影法称为平行投影法，如图 2-2 所示。

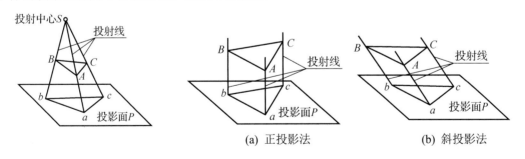

图 2-1 中心投影法   图 2-2 平行投影法

根据投射线与投影面的关系，平行投影法又分为正投影法和斜投影法。

1. 正投影法

投射线垂直于投影面的平行投影法称为正投影法，所得投影称为正投影，如图 2-2(a)

所示。

2. 斜投影法

投射线倾斜于投影面的平行投影法称为斜投影法，所得投影称为斜投影，如图 2-2(b) 所示。

三、投影法的应用

(一)透视投影图

透视投影图是采用中心投影法绘制的，符合人的视觉印象，富有逼真感，但作图较复杂，多用于绘画及土建制图，图 2-3 所示为房屋的透视图。

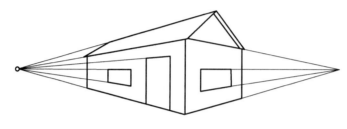

图 2-3　房屋的透视图

(二)轴测投影图

轴测投影图是采用平行投影法绘制的，图 2-4(a)所示为采用正投影法绘制的正轴测图，图 2-4(b)所示为采用斜投影法绘制的斜轴测图。轴测图可在一个图上同时反映物体长、宽、高三个方向的形状，直观性强，但度量性差，在工程上常作为辅助图样使用。本书第四章将具体介绍轴测投影图的绘制方法。

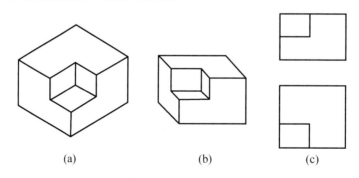

(a)　　　　　　　　　(b)　　　　　　　　　(c)

图 2-4　轴测投影图与多面正投影图

(三)多面正投影图

多面正投影图是采用正投影法，将物体分别投射在几个相互垂直的投影面上所得到的，即采用多个正投影图同时表示同一物体。图 2-4(c)所示为物体的三面正投影图。这种投影图能完整、准确地表示物体的真实形状和大小，度量性好且作图简便，在工程图样中广泛应用。本课程主要研究多面正投影图，为方便起见，后续章节中未特别指明的"投影"均指"正投影"。

四、正投影的基本性质

(1) 点的投影实质上就是自该点向投影面所作垂线的垂足，如图 2-5 所示。点的投影仍然是点。

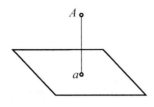

图 2-5 点的投影

(2) 直线的投影是直线上各点的投影的集合。两点决定一条直线，所以直线段上两端点投影的连线就是该直线段的投影。

直线的投影一般情况下仍为直线，在特殊情况下会变为一点，如图 2-6 所示。

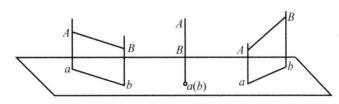

图 2-6 直线的投影

(3) 平面图形的投影一般情况下仍为平面图形，在特殊情况下会变为一条直线，如图 2-7 所示。

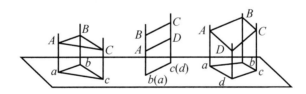

图 2-7 平面的投影

由图 2-6 和图 2-7 可以看出，直线和平面(本书所称的直线一般是指具有一定长度的直线段，所称的平面一般指具有一定形状和大小的平面图形)的投影具有以下特性。

① 显实性：当直线平行于投影面时，其投影反映直线的实长；当平面平行于投影面时，其投影反映平面的实形。

② 积聚性：当直线垂直于投影面时，其投影积聚成一个点；当平面垂直于投影面时，其投影汇聚成一条直线。

③ 类似性：当直线倾斜于投影面时，其投影为一条缩短了的直线；当平面倾斜于投影面时，其投影为一个和原平面形状类似但缩小了的图形。

五、三面投影体系

空间物体具有长、宽、高三个方向的形状，而物体相对于投影面正放时所得到的单面正投影图只能反映物体两个方向的形状。三个不同物体的投影相同，说明物体的一个投影不能完全确定其空间形状，如图 2-8 所示。

图 2-8　不同物体具有相同的投影图

为了完整地表达物体的形状，常设置两个或三个相互垂直的投影面，将物体分别向这些投影面进行投射，几个投影综合起来，便能将物体三个方向的形状表示清楚。

设置三个相互垂直的投影面，称为三面投影体系，如图 2-9 所示。

直立在观察者正对面的投影面称为正立投影面，简称正面，用 V 表示。处于水平位置的投影面称为水平投影面，简称水平面，用 H 表示。右边分别与正面和水平面垂直的投影面称为侧立投影面，简称侧面，用 W 表示。

三个投影面的交线 OX、OY、OZ 称为投影轴，三条投影轴的交点 O 称为原点。OX 轴(简称 X 轴)方向代表长度尺寸和

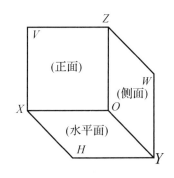

图 2-9　三面投影体系

左右位置(正向为左)，OY 轴(简称 Y 轴)方向代表宽度尺寸和前后位置(正向为前)，OZ 轴(简称 Z 轴)方向代表高度尺寸和上下位置(正向为上)。

第二节　点　的　投　影

点、直线和平面是构成形体的几何元素，而点又是基本的几何元素，掌握这些几何元素的投影规律，能为绘制和分析形体的投影图提供依据。

一、点的三面投影

设 A 为三面投影体系中的一点，由点 A 分别向 V、H、W 面投射，得到点 A 的三面投影 a'、a、a''，如图 2-10(a)所示。

自前向后投射，点 A 在 V 面上的投影 a' 称为正面投影或 V 面投影。

自上向下投射，点 A 在 H 面上的投影 a 称为水平投影或 H 面投影。

自左向右投射，点 A 在 W 面上的投影 a'' 称为侧面投影或 W 面投影。

从点 A 出发的三条投射线，构成三个相互垂直平面，分别与三条投影轴相交于三点，即 a_x、a_y 和 a_z。

为了将三面投影画在同一平面上，需移去空间点 A，将三面投影体系展开。展开方法为：V 面保持正立位置，H 面绕 OX 轴向下转 $90°$，W 面绕 OZ 轴向右转 $90°$，如图 2-10(b)所示，展开后的投影图如图 2-10(c)所示。注意，展开后 Y 轴分为 Y_H 和 Y_W，a_Y 则分为 a_{YH} 和 a_{YW}。一般规定，空间点用大写拉丁字母如 A，B，…（或罗马数字Ⅰ，Ⅱ，…）表示；水平投影用相应的小写字母如 a，b，…（或 1，2，…）表示；正面投影用相应小写字母加一撇如 a'，b'，…（或 $1'$，$2'$，…）表示；侧面投影用相应小写字母加两撇如 a''，b''，…（或 $1''$，$2''$，…）表示。

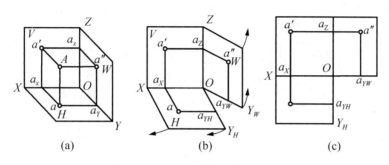

图 2-10　点的一面投影的形成

实际画投影图时，不必画出投影面的边框，也可省略标注 a_x、a_{YH}、a_{YW}、a_y 和 a_z，但须用细实线画出点的三面投影之间的连线，称为投影连线，如图 2-11(a)所示。

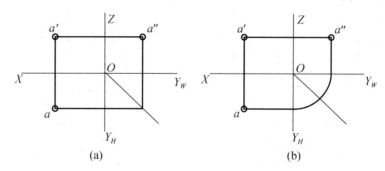

图 2-11　点的三面投影图画法

从点的三面投影图的形成过程可以得出点的三面投影规律。

(1)　点的正面投影和水平投影的连线垂直于 OX 轴，即 $a'a \perp OX$。

(2)　点的正面投影和侧面投影的连线垂直于 OZ 轴，即 $a'a'' \perp OZ$。

(3)　点的水平投影到 OX 轴的距离等于侧面投影到 OZ 轴的距离，即 $aa_x = a''a_z$。

画点的投影图时，为保证 $aa_x = a''a_z$，可由原点 O 出发作一条 $45°$ 的辅助线，如图 2-11(a)所示；也可采用圆规作图，如图 2-11(b)所示。

二、点的坐标

将三面投影体系作为直角坐标系，投影轴、投影面和原点 O 分别作为坐标轴、坐标面和坐标原点，则点 A 的空间位置可用一组直角坐标来表示，记为 $A(x,y,z)$。

每一坐标即空间点到相应投影面的距离，如图 2-12(a)所示。其中：

$x=Aa''$，即空间点 A 到 W 面的距离。

$y=Aa'$，即空间点 A 到 V 面的距离。

$z=Aa$，即空间点 A 到 H 面的距离。

点的坐标反映在投影图上如图 2-12(b)所示，点的三面投影和点的三个坐标之间的关系如图 2-12(c)所示。显然，点的任意一个投影反映点的两个坐标；点的任意一个坐标同时在两个投影面上反映出来。

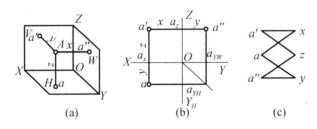

图 2-12   点的坐标与三面投影的关系

三、两点的相对位置

两点的相对位置，指两个点的左右关系(X 轴方向)、前后关系(Y 轴方向)和上下关系(Z 轴方向)，可由投影图判断。也可依据两点的坐标关系来判断：x 坐标大者在左，y 坐标大者在前，z 坐标大者在上。在图 2-13(a)中，若以点 B 作为基准，则点 A 在点 B 的左面($x_A>x_B$)、前面($y_A>y_B$)及下面($z_A<z_B$)，其相对位置的定值关系可由两点的同名坐标差来确定。

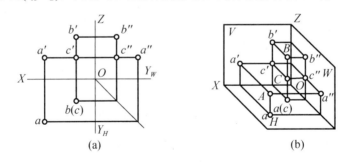

图 2-13   两点的相对位置

当两点同处于某一投影面的投射线上时，它们在该投影面上的投影重合。一般称在某一投影面上投影重合的点为对该投影面的重影点。重影点有两个坐标对应相等，另一个坐标不相等。在图 2-13(a)中，点 B 和点 C 的水平投影重合，为对 H 面的重影点，两点的 x,y 坐标对应相等。由于 $z_C<z_B$，则点 C 在点 B 的正下方，其水平投影被点 B 的水平投影遮挡，图中表示成 $b(c)$，括弧内的投影为不可见。图 2-13(b)所示为 A、B、C 三点的轴测图。

第三节 直线的投影

一、直线的三面投影

求直线的三面投影，实际上是求其两端点的同名投影的连线。所谓同名投影，是指几何元素在同一投影面上的投影。

图 2-14(a)所示为已知直线 *AB* 两端点 *A* 和点 *B* 的三面投影，连接点 *A*、*B* 的同名投影 *a'b'*、*ab*、*a"b"*，即为直线的三面投影，如图 2-14(b)所示。图 2-14(*c*)为 *AB* 的轴测图，作图时先分别作出直线 *AB* 两端点的轴测图，将空间两点及其同名投影分别连线即可。

在三面投影体系中，与三个投影面都倾斜的直线称为一般位置直线。图 2-14 所示的直线即为一般位置直线。一般位置直线的三面投影都倾斜于投影轴，都不反映实长，如图 2-14(b)所示。

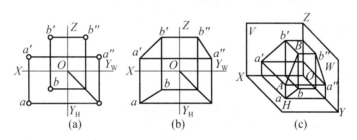

图 2-14 直线的三面投影和轴测图

二、特殊位置直线

特殊位置直线是指在三投影面体系中与任一投影面垂直或平行的直线。直线垂直于某一投影面(必与另外两投影面平行)，称为投影面垂直线；直线平行于某一投影面，而与另外两投影面倾斜，称为投影面平行线。

1. 投影面平行线

投影面平行线包括平行于 *V* 面、*H* 面和 *W* 面三种情况，分别称为正平线、水平线和侧平线，如表 2-1 所示。

表 2-1 三种投影面平行线的图例和投影特性

名称	平行线(∥*V*面，对*H*、*W*面倾斜)	平行线(∥*H*面，对*V*、*W*面倾斜)	平行线(∥*W*面，对*V*、*H*面倾斜)
轴测图			

续表

名称	平行线(∥V面, 对H、W面倾斜)	平行线(∥H面, 对V、W面倾斜)	平行线(∥W面, 对V、H面倾斜)
投影图	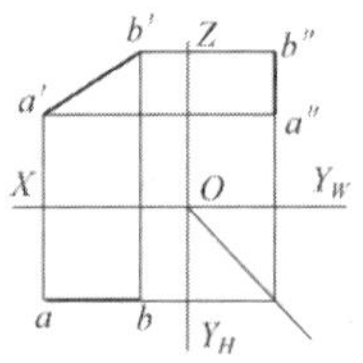	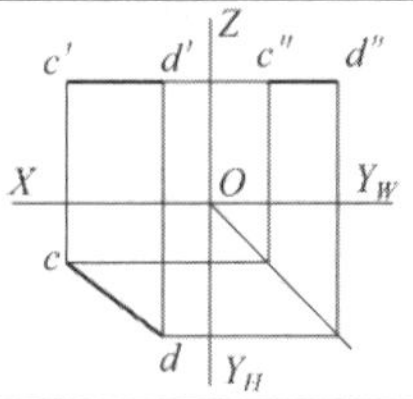	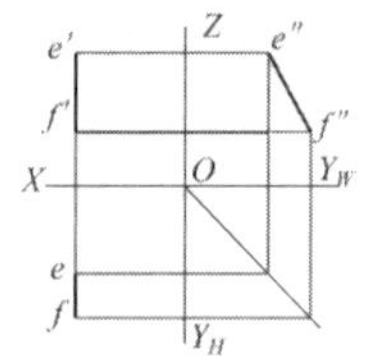
投影特性	①a'b'反映实长 ②ab⊥OY_H、a"b"⊥OY_W 长度缩短	①cd反映实长 ②c'd'⊥OZ、c"d"⊥OZ 长度缩短	①e"f"反映实长 ②e'f'⊥OX、ef⊥OX 长度缩短

由此得出投影面平行线的投影特性：在其平行的投影面上的投影反映实长；另外两个投影同时垂直于某一投影轴，都不反映实长且小于原长。

2. 投影面垂直线

投影面垂直线包含垂直于V面、H面和W面三种情况，分别称为正垂线、铅垂线和侧垂线，如表2-2所示。

表2-2 三种投影面垂直线的图例和投影特性

名称	正垂线(⊥V面, ∥H面，∥W面)	铅垂线(⊥H面, ∥V面，∥W面)	侧垂线(⊥W面, ∥V面，∥H面)
轴测图	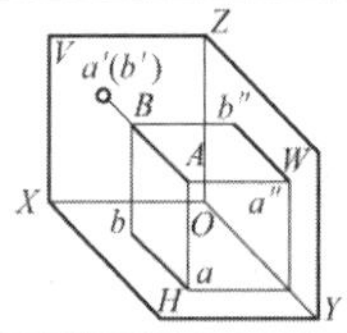	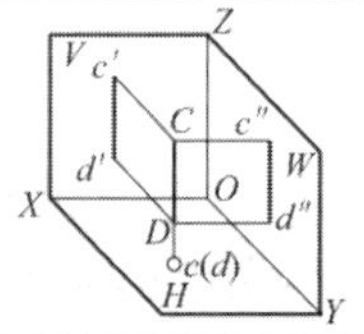	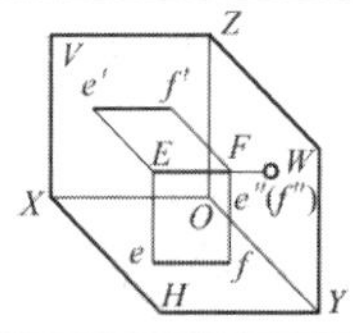
投影图	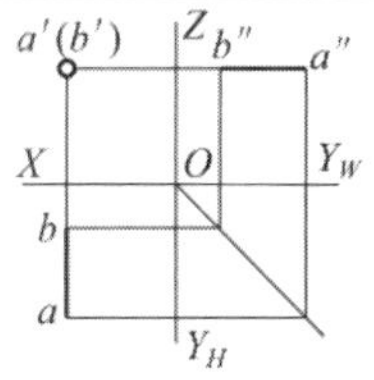	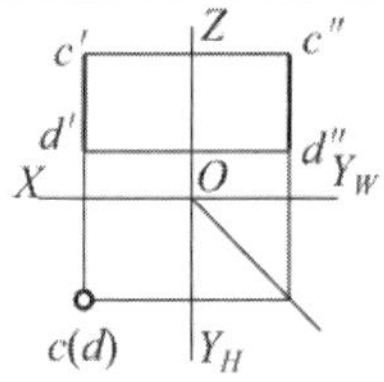	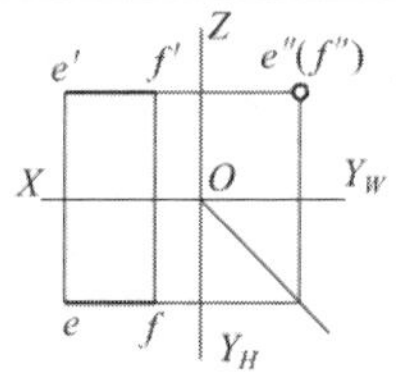
投影特性	①a'(b')积聚成一点 ②ab∥OY_H、a"b"∥OY_W 都反映实长	①c(d)积聚成一点 ②c'd'∥OZ、c"d"∥OZ 都反映实长	①e"(f")积聚成一点 ②e'f'∥OX、ef∥OX 都反映实长

由此得出投影面垂直线的投影性质：在其垂直的投影面上的投影积聚成一点；另外两个投影同时平行于某一投影轴，且均反映实长。

三、直线上的点

直线上的点，其投影必位于直线的同名投影上，并符合点的投影规律。如图 2-15(a)所示，若点 K 在直线 AB 上，则 k 在 ab 上，k'在 $a'b'$ 上，k''在 $a''b''$上；反之，若点的三面投影都落在直线的同名投影上，且其三面投影符合一点的投影规律，则点必在直线上。

在图 2-15(b)中，已知点 K 的一个投影，即可根据点的投影规律，在直线的同名投影上求得该点的另两面投影，如图 2-15(c)所示。

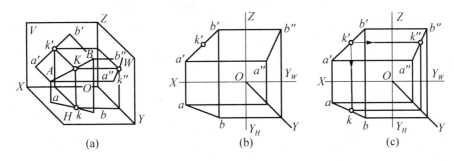

图 2-15　直线上点的投影

第四节　平面的投影

一、平面的三面投影

任意一平面图形可表示一个平面。平面图形的三面投影，由其各条边线(直线或曲线)的同名投影组成。对平面多边形而言，由于其各边线均为直线，则平面多边形的投影为其各顶点的同名投影的连线。图 2-16(a)所示为△ABC 的三面投影图。

作平面多边形的轴测图时，可先作出各顶点的轴测图，再将空间点及其同名投影依次分别连线即可。图 2-16(b)所示为△ABC 的轴测图。

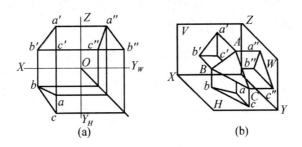

图 2-16　平面图形的三面投影

如图 2-16 所示，△ABC 平面对 V 面、H 面、W 面都倾斜，这样的平面称为一般位置平面。一般位置平面的三个投影均为与原图形相类似的图形，但都不反映实形。

二、特殊位置平面

特殊位置平面是指在三投影面体系中与任一投影面垂直或平行的平面。平面平行于某一投影面(必与另外两个投影面垂直)，称为投影面平行面；平面垂直于某一投影面，而与另外两个投影面倾斜，称为投影面垂直面。

1. 投影面垂直面

投影面垂直面包含垂直于 V 面、H 面和 W 面三种情况，分别称为正垂面、铅垂面和侧垂面。表 2-3 列出了三种投影面垂直面的图例和投影特性。

表 2-3　三种投影面垂直面的图例和投影特性

名称	正垂线($\perp V$面，对 H、W 面倾斜)	铅垂线($\perp H$面，对 V、W 面倾斜)	侧垂线($\perp W$面，对 V、H 面倾斜)
轴测图			
投影图			
投影特性	①正面投影积聚成直线 ②水平投影、侧面投影均为类似形	①水平投影积聚成直线 ②正面投影、侧面投影均为类似形	①侧面投影积聚成直线 ②正面投影、水平投影均为类似形

由此得出投影面垂直面的投影性质：在其垂直的投影面上的投影积聚成直线，另外两个投影均为原形的类似形。

2. 投影面平行面

投影面平行面分为正平面、水平面和侧平面，分别与 V 面、H 面、W 面平行。表 2-4 列出了三种投影面平行面的图例和投影特性。

表 2-4　三种投影面平行面的图例和投影特性

名称	正平面($/\!/V$面，$\perp H$面，$\perp W$面)	水平面($/\!/H$面，$\perp V$面，$\perp W$面)	侧平面($/\!/W$面，$\perp V$面，$\perp H$面)
轴测图			
投影图			
投影特性	①正面投影反映实形 ②水平投影、侧面投影均积聚成垂直于 Y 轴的直线	①水平投影反映实形 ②正面投影、侧面投影均积聚成垂直于 Z 轴的直线	①侧面投影反映实形 ②正面投影、水平投影均积聚成垂直于 X 轴的直线

由此得出投影面平行面的投影特性：在其平行的投影面上的投影反映实形；另外两个投影面上的投影均积聚成直线，且同时垂直于两个投影面的公共投影轴。

三、平面上的直线和点

1. 直线在平面上的几何条件

若直线通过平面上的两个点，或通过平面上的一个点且平行于平面上的另一直线，则直线在平面上。

根据上述几何条件，要在已知平面上取直线，应使之通过平面上的两个点，或通过平面上的一个点并平行于平面上的另一直线，如图 2-17 所示。

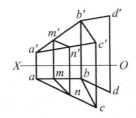

图 2-17　平面上的直线

△*ABC* 决定了一个平面，则过 *AB* 上点 *M* 和 *AC* 上点 *N* 所作的直线 *MN* 必在该平面上；过点 *B* 所作 *AC* 的平行线 *BD* 也必在该平面上，如图 2-17 所示。

2. 点在平面上的几何条件

若点在平面内的任意一条直线上，则该点必在该平面上。

根据上述几何条件，要在平面上取点，一般先在平面上过该点作一条辅助直线，然后在该直线的投影上求得点的同名投影，这种作图方法称为辅助线法。

若在特殊位置平面上取直线或点，可直接利用平面投影的积聚性进行作图。

【例 1】已知△*ABC* 平面上一点 *D* 的水平投影 *d*，求作 *d'* 和 *d''*，如图 2-18(a)所示。

分析：从投影图可知△*ABC* 为正垂面，其上所有点、线的正面投影均落在平面正面投影的积聚线上，因此可直接根据 *d* 求得 *d'*。

作图方法如图 2-18(b)所示。

① 自 *d* 作 *X* 轴的垂线与平面的积聚线相交，交点即为 *d'*。

② 根据 *d* 和 *d'* 求得 *d''* 即可。

【例 2】已知△*ABC* 平面上一点 *K* 的水平投影 *k*，求作 *k'*，如图 2-19(a)所示。

分析：由于△*ABC* 的两面投影均为类似形，应采用辅助线法作图，为简便起见，可使辅助线过△*ABC* 的一个顶点或平行于某条边。当然，各种辅助线的作图结果是相同的。

作图方法如图 2-19(b)所示。

① 连接 *ak* 并延长，交 *bc* 于 *d*，在 *b'c'* 上求得 *d'*。

② 连接 *a'd'*，自 *k* 作 *OX* 轴的垂线，交 *a'd'* 于点 *k'*，则 *k'* 即为所求。

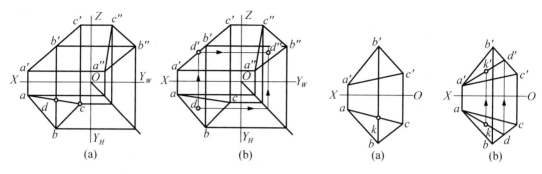

图2-18 利用积聚性求平面上的点投影　　　　图2-19 利用辅助线法求平面上点的投影

【例 3】已知一般位置平面△ABC 的两面投影，试在平面上作正平线 CD 和水平线 CE(见图 2-20)。

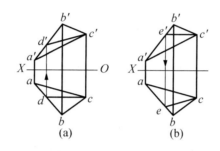

图2-20 在平面上作投影面的平行

分析：平面上投影面的平行线既应具有平面上直线的几何特征，又应具有相应平行线的投影特征，作图时应从直线有方向特征的投影画起，再在平面上完成直线的其他投影。

正平线作图方法如图 2-20(a)所示。

① 在 H 面投影中，过 c 作 X 轴的平行线，交 ab 于 d。

② 由 d 在 a'b'上求得 d'，连接 c'd'，直线 CD 即为所求。

水平线作图方法如图 2-20(b)所示。

① 在 V 面投影中，过 c'作 X 轴的平行线，交 a'b'于 e'。

② 由 e'在 ab 上求得 e，连接 ce，直线 CE 即为所求。

第五节　几何体的投影

几何体分为平面立体和曲面立体。表面均为平面的立体，称为平面立体(棱柱、棱锥)；表面由曲面或曲面与平面组成的立体，称为曲面立体(圆柱、圆锥、球、圆环)。

一、平面立体

1. 棱柱

(1) 棱柱的三视图。图 2-21(a)所示为一个正三棱柱的投影。其顶面和底面为水平面，三个矩形侧面中，后面是正平面，左、右两面为铅垂面，三条侧棱为铅垂线。

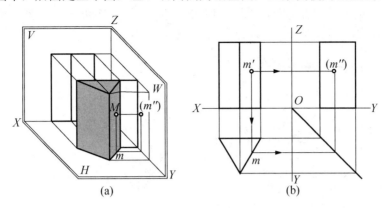

图 2-21　正三棱柱的三视图及其表面上点的求法

画三视图时，先画上、下底面的投影。在水平投影中，这些投影均反映实形(正三角形)且重影。其正面和侧面投影都有积聚性，分别为平行于 X 轴和 Y 轴的直线；三条侧棱的水平投影都有积聚性，为三角形的三个顶点，其正面和侧面投影均平行于 Z 轴且反映了棱柱的高。画完这些面和棱线的投影，如图 2-21(b)所示。

(2) 棱柱表面上的点。棱柱体表面上点的投影，可根据点的投影规律直接作出，但需判别点的投影的可见性。若点所在表面的投影可见，则点的同面投影也可见；反之为不可见。

注意：对不可见的点的投影，需加圆括号表示。

如图 2-21(b)所示，已知三棱柱上一点 M 的正面投影 m'，求 m 和 m''。根据 m' 的位置，可判定 M 在三棱柱的右侧棱面上。因为右侧棱面为铅垂面，所以其水平投影 m 必落在该平面有积聚性的水平投影上。根据 m' 可求出 m，根据点的投影规律求出 m''。由于点 M 在三棱柱的右侧棱面上，该棱面的侧面投影为不可见，故 m'' 不可见。

2. 棱锥

(1) 棱锥的三视图。图 2-22(a)所示为正三棱锥的投影。投影由底面和三个棱面所组成。底面为水平面，其水平投影反映实形，正面和侧面投影积聚为一直线。△SAC 为侧垂面，侧面投影积聚为一直线，水平投影和正面投影都是类似形。△SAB 和△SBC 为一般位置平面，其三面投影均为类似形。棱线 SB 为侧平线，SA、SC 为一般位置直线，AC 为侧垂线，AB、BC 为水平线。

画正三棱锥的三视图时，先画出底面△ABC 的各面投影，再画出锥顶 S 的各面投影，连接各顶点的同面投影，即为正三棱锥的三视图，如图 2-22(b)所示。

注意：正三棱锥的侧面投影不是等腰三角形。

(2) 棱锥表面上的点。正三棱锥的表面有特殊位置平面，也有一般位置平面。特殊位置平面上的点的投影，可利用该平面投影的积聚性直接作图；一般位置平面上的点的投影，可通过在平面上作辅助线的方法求得。

如图 2-22(b)所示，已知棱面△SAB 上点 M 的正面投影 m'，求点 M 的其他两面投影。棱面△SAB 是一般位置平面，需过锥顶 S 及点 M 作一辅助线 $S1$，然后根据点在直线上的投影特性，求出其水平投影 m，再由 m' 求出 m''。

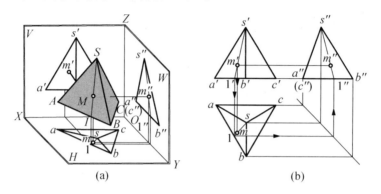

图 2-22　正三棱锥的三视图及其表面上点的求法

二、回转体

1. 圆柱

(1) 圆柱面的形成。圆柱面可看作一条直线(母线)围绕与其平行的轴线回转而成，如图 2-23(a)所示。母线转至任一位置时称为素线。这种由一条母线绕轴线回转而形成的表面称为回转面，由回转面构成的立体称为回转体。

(2) 圆柱的三视图。由图 2-23(b)可以看出，圆柱的主视图为一个矩形线框，其中左、右两轮廓线是由两组投射线组成(和圆柱面相切)的平面与 V 面的交线。这两条交线正是圆柱面上最左、最右素线的投影，把圆柱面分为前、后两部分，投影前半部分可见，后半部分不可见，而这两条素线是可见与不可见的分界线。最左、最右素线的侧面投影和轴线的侧面投影重合(不需画出其投影)，水平投影在横向中心线和圆周的交点处。矩形线框的上、下边分别为圆柱顶面、底面的积聚性投影。

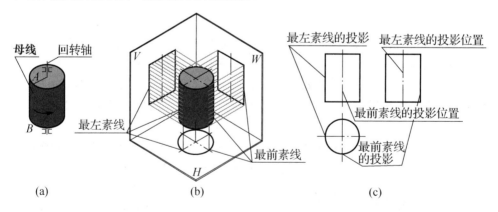

图 2-23　圆柱的形成、视图及其分析

图 2-23(c)所示为圆柱的三视图。俯视图为一圆线框。圆柱轴线是铅垂线，圆柱表面所有素线都是铅垂线，因此，圆柱面的水平投影积聚成一个圆。同时，圆柱顶面、底面的投影(反映实形)也与该圆相重合。画圆柱的三视图时，一般先画投影具有积聚性的圆，再根

据投影规律和圆柱的高度完成另外两个视图。

(3) 圆柱表面上的点。如图 2-24 所示,已知圆柱面上点 M 的正面投影 m',求另两面投影 m 和 m''。根据给定的位置 m',可判定点 M 在前半圆柱面的左半部分。因圆柱面的水平投影有积聚性,故 m 必在前半圆周的左部,m'' 可根据 m' 和 m 求得。又知圆柱面上点 N 的侧面投影 n'',其他两面投影 n 和 n'' 的求法和可见性请读者自行分析。

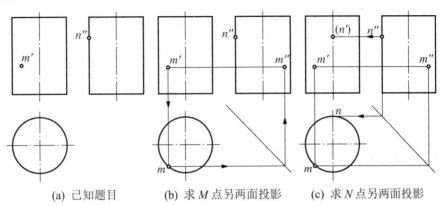

(a) 已知题目   (b) 求 M 点另两面投影   (c) 求 N 点另两面投影

图 2-24 圆柱表面上点的求法

2. 圆锥

(1) 圆锥面的形成。圆锥面可看作由一条直母线 SA 围绕与其相交的轴线回转而成,如图 2-25(a)所示。

(2) 圆锥的三视图。图 2-25(b)所示为圆锥的三视图。俯视图的圆形反映圆锥底面的实形,同时也表示圆锥面的投影。主、左视图的等腰三角形线框,其下边为圆锥底面的积聚性投影。主视图中三角形的左、右两边,分别表示圆锥面最左素线 SA 和最右素线 SB(反映实长)的投影,是圆锥面正面投影可见与不可见部分的分界线。左视图中三角形的两边分别表示圆锥面最前、最后素线 SC、SD 的投影(反映实长),是圆锥面侧面投影可见与不可见部分的分界线。画圆锥的三视图时,先画出圆锥底面的各个投影,再画出锥顶点的投影,然后分别画出特殊位置素线的投影,即完成圆锥的三视图。

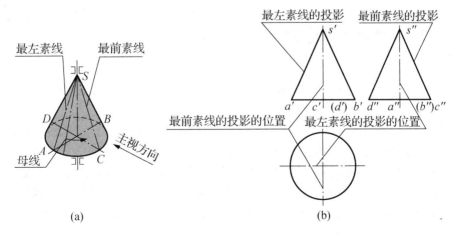

(a)   (b)

图 2-25 圆锥的形成、视图及分析

(3) 圆锥表面上的点。如图 2-26 所示，已知圆锥面上的点 M 的正面投影，求 m' 和 m''。根据点 M 的位置和可见性，可判定点 M 在前、左圆锥面上，点 M 的三面投影均可见。作图可采用以下两种方法。

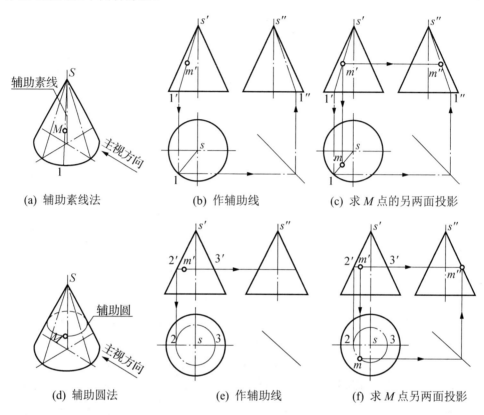

图 2-26　圆锥表面上点的求法

① 辅助素线法。过锥顶 S 和点 M 作一条辅助素线 $S1$，即连接 $s'm'$，延长到与底面的正面投影相交于 $1'$，求得 $s1$ 和 $s''1''$。根据点在直线上的投影规律作出 m' 和 m''。

② 辅助圆法。过点 M 在圆锥面上作垂直于圆锥轴线的水平辅助圆(该圆的正面投影积聚为一直线)，即过 m' 所作的 $2'3'$。其水平投影为一直径等于 $2'3'$ 的圆，圆心为 s，由 m' 作 X 轴的垂线，与辅助圆的交点即为 m，再根据 m' 和 m 求出 m''。

3. 圆球

(1) 圆球面的形成。如图 2-27(a)所示，圆球面可看作一个圆(母线)围绕其直径回转而成。

(2) 圆球的三视图。圆球的三视图都是与圆球直径相等的圆，均表示圆球面的投影。球的各个投影虽然都是圆形，但各个圆的意义不同，如图 2-27(b)所示。正面的圆是平行于 V 面的圆素线(前、后两半球的分界线，圆球面正面投影可见与不可见的分界线)的投影。按此做类似的分析，水平投影的圆是平行于 H 面的圆素线的投影，侧面投影的圆是平行于 W 面的圆素线的投影。这三条圆素线的其他两面投影，都与圆的相应中心线重合。

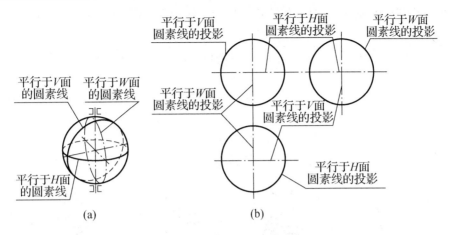

图 2-27　圆球的形成、视图及分析

(3)　圆球表面上的点。如图 2-28 所示，已知圆球面上点 M 的水平投影 m 和点 N 的正面投影 n'，求其他两面投影。根据点的位置和可见性，可判定点 N 在前、后两半球的分界线上(点 N 在右半球，其侧面投影不可见)，n 和 n''可直接求出；点 M 在前、左、上半球(点 M 的三面投影均为可见)，需采用辅助圆法求 m'和 m''，即过点 m 在球面上作一平行于水平面的辅助圆(也可作平行于正面或侧面的圆)。因点在辅助圆上，故点的投影必在辅助圆的同面投影上。作图时，先在水平投影中过 m 作 X 轴的平行线 ef(ef 为辅助圆在水平投影面上的积聚性投影)，其正面投影为直径等于 ef 的圆。由 m 作轴的垂线，与辅助圆正面投影的交点即是 m'，再由 m'求 m''。

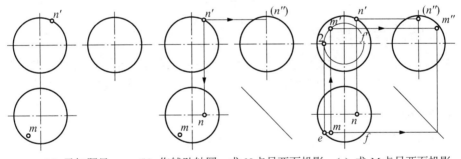

(a)　已知题目　　(b)　作辅助轴圆：求 N 点另两面投影　(c)　求 M 点另两面投影

图 2-28　圆球表面上点的求法

第六节　形体的三视图

一、三视图的形成

　　将一个三维形体按正投影法向某一投影面投射，得到该形体的投影。形体的投影实际上是沿投射方向观察形体所得到的形状，因此形体的投影通常称为视图。

　　形体的一个视图不能完整地反映三维形体的形状。故将形体置于三面投影体系中，分别对 V、H、W 面投射，可得到形体的三视图，如图 2-29 所示。

自前方投射，在 V 面上得形体的正面投影，称为主视图(也称正立面图)。主视图应尽量反映物体的主要特征，如图 2-29(c)所示。

自上方投射，在 H 面上得形体的水平投影，称为俯视图(也称平面图)，如图 2-29(d)所示。

自左方向右投射，在 W 面上得形体的侧面投影，称为左视图(也称左侧立面图)，如图 2-29(e)所示。

将三面投影体系展开，如图 2-29(f)至图 2-29(h)所示。

实际绘制形体的三视图时，不必画出投影面和投影轴，如图 2-29(h)所示。

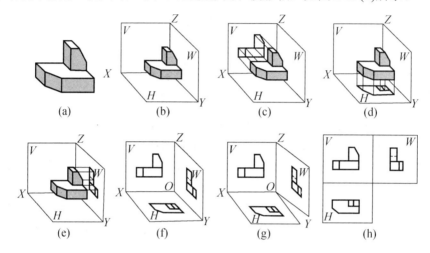

图 2-29　三视图的形成

二、三视图的投影规律

从三视图的形成过程可知，它们之间存在着严格的内在联系，结合点、直线和平面的投影规律，可得出三视图的投影规律。

1. 位置关系

以主视图为准，俯视图在主视图的正下方，左视图在主视图的正右方。

2. 尺寸关系

形体的一个视图反映两个方向的尺寸。主视图反映长和高，俯视图反映长和宽，左视图反映宽和高。显然，每两个视图中包含一个相同的尺寸。

主视图与俯视图的长度相等且左右对正；主视图与左视图的高度相等且上下对齐；俯视图与左视图的宽度相等。主、俯视图长对正，主、左视图高平齐，俯、左视图宽相等。

长对正、高平齐、宽相等又称"三等"规律，该规律概括地反映了三视图之间的关系。不仅针对形体的总体尺寸，形体上的每一个几何元素也符合此规律。绘制三视图时，应从遵循形体上每一点、线、面的"三等"出发，以保证形体三视图的尺寸关系。

三、画三视图的方法和步骤

1. 选择主视图

形体要放正，即应使其尽量多的表面与投影面平行或垂直。选择主视图的投射方向，使之能较多地反映形体各部分的形状和相对位置。

2. 画基准线

先选定形体长、宽、高三个方向上的作图基准，分别画出三个视图中的投影。通常以形体的对称面、底面或端面为基准。

3. 画底稿

一般先画主体，再画细部。这时一定要注意遵循长对正、高平齐、宽相等的投影规律，特别是俯视图、左视图之间的宽度尺寸关系和前、后方位关系要正确。

4. 检查、改错，擦去多余图线，描深图形

画三视图时还需注意遵循国家标准关于图线的规定，将可见轮廓线用粗实线绘制，不可见轮廓线用虚线绘制，对称中心线或轴线用细点画线绘制。如果不同的图线重合在一起，应按粗实线、虚线、细点画线的优先顺序绘制。

第七节　绘制手柄平面图形

知识目标

(1) 掌握圆命令。

(2) 掌握椭圆命令。

(3) 了解圆弧、椭圆弧命令。

(4) 掌握对象的选择方式。

能力目标

通过手柄的绘制，具备灵活恰当地缩放和平移图形，并根据需要绘制有关圆弧连接平面图形的能力。

一、工作任务

绘制手柄，如图 2-30 所示，要求用 A4 图纸(横向)，不留装订边，利用对象捕捉、对象追踪、圆、圆弧、偏移等命令，按照国家标准的有关规定绘制，最后将多余的线去掉，无须标注尺寸。

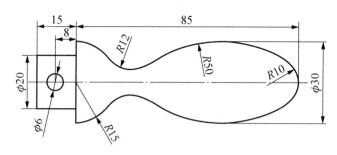

图 2-30 手柄

二、相关知识

(一)圆命令

1. 功能

AutoCAD 提供了多种画圆的方法，其中包括以圆心、半(直)径绘圆，以两点方式绘圆，以三点方式绘圆，以相切、相切、半径绘圆，以相切、相切、相切绘圆等。

2. 调用命令的方法

① 绘图工具栏：单击"圆"图标按钮 ⊘。

② 命令：输入 CIRCLE，按回车键。

③ 菜单：选择"绘图"→"圆"命令。

3. 操作步骤

命令：_circle
指定圆的圆心或 [三点(3P)/两点(2P)/相切、相切、半径(T)]：　　　*指定圆心*
指定圆半径或 [直径(D)]：　　　　　　　　　　　　*输入半径值，按回车键确定*

4. 命令行中有关说明及提示

① 圆心、半径(R)：给定圆的圆心及半径画圆。

② 圆心、直径(D)：给定圆的圆心及直径画圆。

③ 两点(2P)：给定圆的直径上两个端点绘制圆。

④ 三点(3P)：给定圆上任意三点绘制圆。

⑤ 相切、相切、半径(T)：给定与圆相切的两个对象和圆的半径绘制圆。

⑥ 相切、相切、相切(A)：给定与圆相切的 3 个对象绘制圆。

(二)圆弧命令

选择 "绘图"→"圆弧"菜单命令中的子命令，或在绘图工具栏上单击"圆弧"图标按钮 ，即可绘制圆弧。在 AutoCAD 2022 中，圆弧的绘制方法有 11 种。建议初学者不使用此命令，遇到圆弧连接的图形，可用圆命令配合修剪命令绘制。

(三)偏移命令

1. 功能

创建一个与选择对象形状相同、等距的平行直线、平行曲线和同心椭圆。

2. 调用命令的方法

①　绘图工具栏：单击"偏移"图标按钮 。

②　命令：输入 OFFSET，按回车键。

③　菜单：选择"修改"→"偏移"命令。

3. 操作步骤

命令：_OFFSET
当前设置：删除源=否　图层=源　OFFSETGAPTYPE=0
指定偏移距离或［通过(T)/删除(E)/图层(L)］<10.0000>:　　　*指定偏移距离*
选择要偏移的对象,或［退出(E)/放弃(U)］<退出>:　　　　　*选择源对象*
指定要偏移的那一侧上的点,或［退出(E)/多个(M)］/放弃(U)<退出>: *在对象外侧单击鼠标*
选择要偏移的对象,或［退出(E)/放弃(U)］<退出>:　　　　*按回车键表示结束*

(四)修剪命令

1. 功能

指定剪切边界后，可连续选择被切边进行修剪。

2. 调用命令的方法

①　绘图工具栏：单击"修剪"图标按钮 。

②　命令：输入 TRIM，按回车键。

③　菜单：选择"修改"→"修剪"命令。

3. 操作步骤

命令：_trim
当前设置：投影=UCS　边=无
选择剪切边….
选择对象：　　　　　　　　　　　　*用鼠标选择要修剪的边界*
选择对象：　　　　　　　　　　　　*回车，结束命令*
选择要修剪的对象,或按住 Shift 键选择要延伸的对象,或［栏选(F)/窗交(C)/投影(P)/删除
(R)/放弃(U)］:　　　　　　　　　　*用鼠标单击要修剪的边*
选择要修剪的对象,或按住 Shift 键选择要延伸的对象,或［栏选(F)/窗交(C)/投影(P)/删除
(R)/放弃(U)］:　　　　　　　　　　*回车，结束命令*

(五)椭圆命令

1. 功能

AutoCAD 提供了两种画椭圆的方法。

2. 调用命令的方法

① 绘图工具栏：单击"椭圆"图标按钮○。
② 命令：输入 ELLIPSE，按回车键。
③ 菜单：选择"绘图"→"椭圆"命令。

3. 操作步骤

```
命令： _ellipse
指定椭圆的轴端点或 [圆弧(A)/中心点(C)]:          *给定椭圆的一个轴端点*
指定轴的另一个端点：                            *指定椭圆长轴或短轴的一个端点*
指定另一条半轴长度或 [旋转(R)]:                 *指定椭圆另一条轴的端点*
```

4. 命令行中有关说明及提示

① 中心点(C)：用指定的中心点创建椭圆。
② 端点：定义第一条轴的起点。
③ 旋转(R)：通过绕第一条轴旋转，定义椭圆的长轴、短轴比例。

(六)椭圆弧命令

1. 功能

AutoCAD 提供了两种画椭圆弧的方法。

2. 调用命令的方法

① 绘图工具栏：单击"椭圆弧"图标按钮 ○。
② 命令：输入 ELLIPSE，选择"圆弧(A)"选项，按回车键。
③ 菜单：选择"绘图"→"椭圆弧"命令。

3. 操作步骤

```
命令： _ellipse
指定椭圆的轴端点或 [圆弧(A)/中心点(C)]: _a      *输入 a，利用圆弧选项*
指定椭圆弧的轴端点或 [中心点(C)]:              *指定椭圆长轴或短轴的第一端点*
指定轴的另一个端点：                           *指定椭圆长轴或短轴的第二端点*
指定另一条半轴长度或 [旋转(R)]:                *指定椭圆另一条轴的长度*
指定起始角度或 [参数(P)]:                      *指定起始角度*
指定终止角度或 [参数(P)/包含角度(I)]:          *指定终止角度*
```

(七)选择对象的方式

1. 点选

用户可以用鼠标逐个地单击要选择的目标、对象，依次被选中。被选择的目标将逐个地添加到选择集中，被选中的图形对象以虚线高亮显示，以区别于其他图形。

2. 窗口

用户可使用光标在屏幕上指定两个点来定义一个矩形窗口。如果某些可见对象(被锁定对象除外)完全包含在该窗口中，则这些对象将被选中。

窗口方式选择对象，首先在所选对象的左上侧单击鼠标，再向右下方拖动以定义窗口，到所要选择对象的右下角点再单击鼠标。这样，只有完全包含在选择窗口中的对象才被选中。

3. 窗交

操作方式类似于窗口方式，同样需要用户在屏幕上指定两个点来定义一个矩形窗口。不同之处在于，该矩形窗口显示为虚线，而且在该窗口之中所有可见对象(被锁定对象除外)均被选中，而无论其是否完全位于该窗口中。

窗交方式选择对象，在所选对象的右下侧单击鼠标，再向左上拖动以定义窗口，只要对象的一部分含在选择窗口中，对象就会被选中。

4. 栏选

在该模式下，用户可指定一系列的点来定义一条任意的折线作为选择栏，并以虚线的形式显示在屏幕上，所有相交的对象均被选中。

5. 全选

将图形中除冻结、锁定层上的所有对象选中，可以使用全选方式选择对象。当命令提示为"选择对象："时，输入"ALL"，按回车键即可。

6. 错选时的应对措施

在选择目标时，有时会不小心选中不该选择的目标，这时用户可以输入 R 来响应"select objects："提示，把一些误选的目标从选择集中剔除，然后输入 A，再向选择集中添加目标。当所选实体和其他实体紧挨在一起时，按住 Ctrl 键，连续单击鼠标，这时紧挨在一起的实体依次高亮显示，直到所选实体都高亮显示，再按回车键(或单击鼠标右键)，即选择了该实体。

7. 取消选择

在"选择对象："提示下，输入 UNDO 后按回车键，将取消最后一次进行的对象选择操作。

8. 结束选择

在"选择对象："提示下，直接用回车响应，结束对象选择操作，进入指定的编辑操作。

三、任务实施

绘制手柄的过程如下。

第一步 设置图形界限。

执行"格式"→"单位"菜单命令，然后设置长度单位为小数点后 2 位，角度单位为小数点后 1 位；执行"格式"→"图形界限"菜单命令，根据图形尺寸，将图形界限设置为 210×297。单击状态栏上的"栅格"按钮，按钮凹下，栅格打开，显示图形界限。

第二步 创建图层。

打开图层管理器，创建各个图层的特性如表 2-5 所示。

表 2-5 图层特性

层名	颜色	线型	线宽	实现功能
中心线	红色	Center	0.25	画中心线
虚线	黄色	Hidden	0.25	画虚线
细实线	蓝色	Continuous	0.25	画细实线及尺寸、文字
剖面线	绿色	Continuous	0.25	画剖面线
粗实线	白(黑)色	Continuous	0.50	画轮廓线及边框

第三步 设置对象捕捉。

右击状态栏上的"对象捕捉"按钮，选择"设置"命令，并设置捕捉模式：端点、交点、切点。为提高绘图速度，用户最好同时打开"对象捕捉""对象追踪""极轴"。

第四步 绘制手柄。

(1) 画基线。

在图层下拉列表中，选择"点画线"图层。利用"偏移"命令，画基准线，并根据各个封闭图形的定位尺寸画定位线，如图 2-31(a)所示。

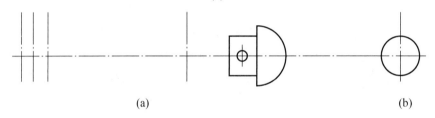

(a)　　　　　　　　　　　　　　　　　(b)

图 2-31 执行偏移、圆命令后的图形

(2) 画出已知线段。

利用"直线"命令，绘制已知尺寸为 20、15、8 的线段；利用"圆"命令，绘制直径为 5 的圆；利用"圆"命令，绘制半径为 $R15$、$R10$ 的两个圆，如图 2-31(b)所示。

(3) 画出中间线段。

调用"圆"命令。

```
命令：_circle
指定圆的圆心或 [三点(3P)/两点(2P)/相切、相切、半径(T)]：  *输入 T，按回车键*
指定对象与圆的第一个切点：*指定距离中心线上侧为 15 的线作为辅助线，线上的某个点为第一个切点*
指定对象与圆的第二个切点：              *指定 R10 圆的某个点为第二个切点*
指定圆的半径 <10.0000>：               *输入 50，按回车键*
```

重新调用"圆"命令。

```
命令：_circle
指定圆的圆心或 [三点(3P)/两点(2P)/相切、相切、半径(T)]：      *输入 T，按回车键*
```

指定对象与圆的第一个切点： *指定距离中心线下侧为 15 的线作为辅助线，线上的某个点为第一个切点*

指定对象与圆的第二个切点： *指定 R10 圆的某个点为第 2 个切点*

指定圆的半径 <10.0000>： *输入 50，按回车键，如图 2-32 所示*

(4) 画连接线段。

调用"圆"命令。

命令： _circle

指定圆的圆心或 [三点(3P)/两点(2P)/相切、相切、半径(T)]：　*输入 T，按回车键*

指定对象与圆的第一个切点：　*指定 R15 圆上的某个点为第一个切点*

指定对象与圆的第二个切点：　*指定 R50 圆上的某个点为第二个切点*

指定圆的半径 <10.0000>：　*输入 12，按回车键*

重新调用"圆"命令。

命令： _circle

指定圆的圆心或 [三点(3P)/两点(2P)/相切、相切、半径(T)]：　*输入 T，按回车键*

指定对象与圆的第一个切点：　*指定 R15 圆上的某个点为第一个切点*

指定对象与圆的第二个切点：　*指定 R50 圆上的某个点为第二个切点*

指定圆的半径 <10.0000>：　*输入 12，按回车键，如图 2-32 所示*

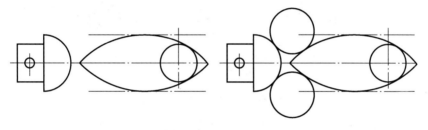

图 2-32 执行偏移、圆命令后的图形

(5) 修剪。

调用"修剪"命令，将多余线段修剪掉，如图 2-33 所示。

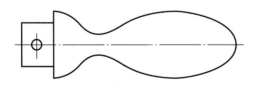

图 2-33 执行修剪命令后的图形

小　结

本章主要介绍了圆、圆弧、椭圆、椭圆弧等命令，以及缩放、平移图形的方法和实例。结合删除和修剪命令，可以绘制出各种复杂的平面图形。建议读者多练、多画，通过反复实践，以提高运用这些命令的技巧和能力。

第三章 组 合 体

任何复杂的形体都可看成由若干基本形体(柱、锥、球等)按一定的连接方式组合而成的,这种复杂的形体通常称为组合体。

第一节 组合体的形体分析

一、形体分析法

图 3-1 所示为轴承座的形体分析,可看成由两个尺寸不同的四棱柱和一个半圆柱叠加起来后,再切去一个较大圆柱体和两个小圆柱体形成的。

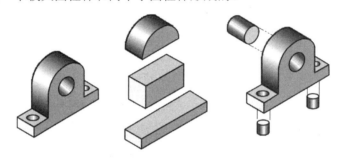

图 3-1　轴承座的形体分析

画组合体三视图时,可采用"先分后合"的方法。先想象将组合体分解成若干个基本形体,然后按相对位置逐个地画出基本形体的投影,综合起来,即得到整个组合体的视图,这样就可把一个复杂的问题分解成几个简单的问题加以解决。

为了便于画图,通过分析将物体分解成若干个基本形体,并搞清形体之间的相对位置和组合形式的方法,称为形体分析法。

二、组合体的组合形式

按组合体的组合形式,可粗略地将组合体分为叠加型、切割型和综合型三种。讨论组合体的组合形式,关键是要搞清相邻两个形体间的结合形式,以利于分析结合处两个形体分界线的投影。

1. 叠加型

叠加型是两个形体组合的基本形式,按照形体表面结合的方式不同,又可细分为堆积、相切和相贯等。

(1) 堆积。两个形体如以平面相结合,称为堆积,其分界线为直线或平面曲线。

画这种组合形体的视图,实际上是将两个基本形体的投影按其相对位置堆积。此时,应注意区分分界处的情况。当两个形体的表面相错时,在结合处应有交线,如图 3-2 所示。当两个形体的表面共面时,结合处没有交线,如图 3-3 所示。

(2) 相切。图 3-4 所示的形体由耳板和圆筒组成。耳板前、后两个平面与左、右两个大小圆柱面光滑连接，即相切。

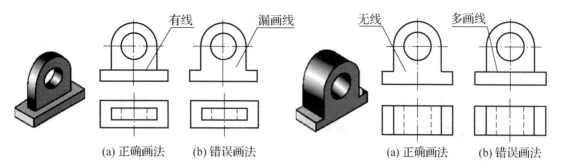

图 3-2 表面相错时连接处有交线　　　　　图 3-3 表面共面时连接处没有交线

如图 3-4 所示，柱轴是铅垂线，柱面的水平投影有积聚性。因此，耳板前、后平面和柱面相切于一直线，在水平投影中表现为直线和圆弧相切。在正面和侧面投影中，两面相切处不画线，耳板上表面的投影只画至切点 a' 和 a'' 处。

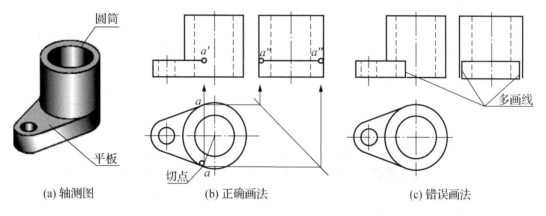

图 3-4 表面相切的画法

(3) 相贯。两个回转体的表面相交称为相贯，相交处的交线称为相贯线。

当不需要准确求作两个圆柱正交相贯线的投影时，可采用简化画法，即用圆弧代替相贯线。具体画法如图 3-5 所示。

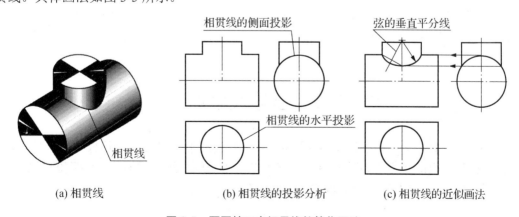

图 3-5 两圆柱正交相贯线的简化画法

2. 切割型

对于不完整的形体，以采用切割的概念对其进行分析为宜。如图 3-6 所示的物体，可看成长方体经切割而成的。画图时，可先画出完整长方体的三视图，然后逐个画出被切部分的投影。

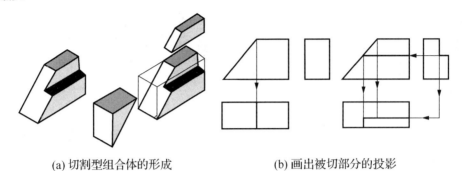

(a) 切割型组合体的形成   (b) 画出被切部分的投影

图 3-6   切割型组合体的画法

3. 综合型

大部分组合体都是既有叠加又有切割，属综合型。画图时，一般可先画叠加各形体的投影，再画被切各形体的投影。图 3-7 所示的三视图就是按底板、四棱柱叠加后，再切半圆柱、两个 U 形柱和一个小圆柱的顺序画出的。

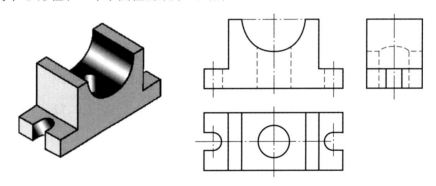

图 3-7   综合型组合体

在实际应用中，对于那些简单、清楚或实难分辨的形体，没必要硬性分解，只要能正确地画出投影即可。正确地掌握、熟练地运用形体分析法，对画图、看图和标注尺寸都非常有益。

第二节   立体表面的交线

在机械零件图样上常会见到一些交线。在这些交线中，有的是平面与立体表面相交产生的交线(截交线)，有的是两个曲面立体表面相交形成的交线(相贯线)。了解这些交线的性质并掌握其画法，有助于正确分析和表达机械零件的结构形状。

一、截交线

当立体被平面截断成两部分时，其中任何一部分均称为截断体。用来截切立体的平面称为截平面，截平面与立体表面的交线称为截交线。截交线具有以下两个基本性质。

① 共有性：截交线是截平面与立体表面的共有线。

② 封闭性：由于任何立体都有一定的范围，所以截交线一定是闭合的平面图形。

1. 平面切割棱锥

【例1】画出正六棱锥截交线的投影(见图 3-8)。

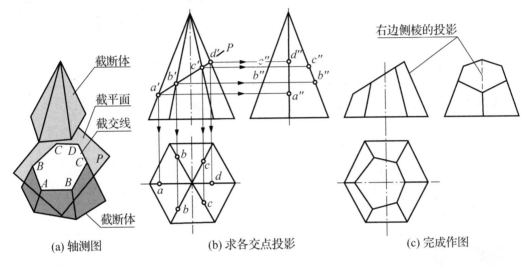

(a) 轴测图　　　　　(b) 求各交点投影　　　　　(c) 完成作图

图 3-8　正六棱锥截交线的画法

分析：由图 3-8 可知，正六棱锥被正垂面 P 截切，截交线是六边形，六个顶点分别是截平面与六条侧棱的交点。由此可知，平面立体的截交线是一个平面多边形；多边形的每一条边是截平面与立体各棱面的交线；多边形的各个顶点是截平面与立体棱线的交点。求平面与立体的截交线，实质上就是求截平面与各被截棱线交点的投影。

作图方法如下。

① 利用截平面的积聚性投影，先找出截交线各顶点的正面投影 a'、b'、c'、d'(B、C 为前后对称的两个点)，再依据直线上点的投影特性，画出各顶点的水平投影 a、b、c、d 及侧面投影 a''、b''、c''、d''。

② 依次连接各顶点的同面投影，即为截交线的投影。此外，要注意正六棱锥右边棱线在侧面投影中的可见性问题。

2. 平面切割圆柱

圆柱的截交线，因截平面与圆柱轴线的相对位置不同而形状不同。当截平面平行于圆柱轴线时，截交线是矩形；当截平面垂直于圆柱轴线时，截交线是一个直径等于圆柱直径的圆周；当截平面倾斜于圆柱轴线时，截交线是椭圆，椭圆的大小随截平面与圆柱轴线的倾斜角度不同而变化，但短轴总与圆柱的直径相等。这三种情况如表 3-1 所示。

表 3-1　截平面和圆柱轴线的相对位置不同时所得的三种截交线

截平面的位置	与轴线平行	与轴线垂直	与轴线倾斜
轴测图			
投影			
截交线的形状	矩形	圆	椭圆

【例 2】画出圆柱被正垂面截切时截交线的投影(见图 3-9)。

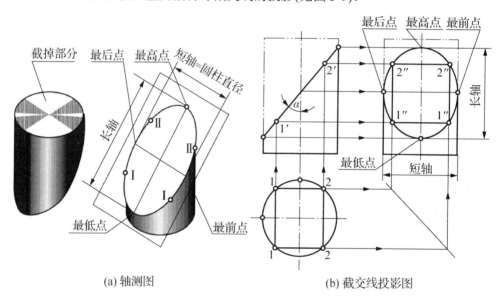

(a) 轴测图　　　　　　　　　　(b) 截交线投影图

图 3-9　平面斜截圆柱时截交线的画法

分析：由图 3-9 可知，椭圆的正面投影积聚为一条斜线，水平投影与圆柱面投影重合，故仅需画出侧面投影。已知截交线的正面投影和水平投影，用已知点的两个投影求第三个投影的方法，便可画出截交线的侧面投影。

作图方法如下。

① 由截交线的正面投影，直接画出截交线上的特殊点，即最高、最前、最后、最低点。

② 画适当数量的一般点。作图时，一般在投影为圆的视图上取 8 等份或 12 等份。根据水平投影 1、2(Ⅰ、Ⅱ 点为前后对称的两个点)，利用投影关系求出正面投影 1′、2′和 1″、2″。

③ 将各点光滑地连接起来，即为截交线的投影。

提示：在题设情况下，截交线椭圆的长轴是正平线，两个端点在最左和最右素线上。短轴与长轴相互垂直平分，是一条正垂线，两个端点在最前和最后素线上。这两条轴的侧面投影仍然相互垂直平分，它们是截交线侧面投影椭圆的长轴和短轴。定出了长、短轴就可以用近似画法画出椭圆。

【例3】画出开槽圆柱的三视图(见图3-10)。

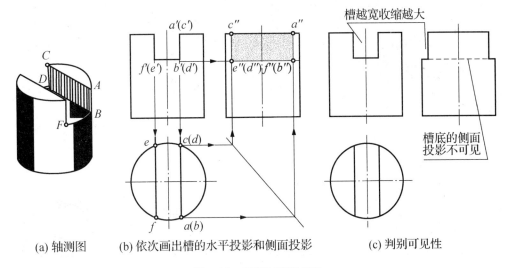

(a) 轴测图　　(b) 依次画出槽的水平投影和侧面投影　　(c) 判别可见性

图 3-10　圆柱开槽的画法

分析： 开槽部分是由两个侧平面和一个水平面截切而成的，圆柱面上的截交线(AB、CD、BF、DE)分别位于被切出的各个平面上。由于这些平面均为投影面平行面，其投影具有积聚性或真实性，因此截交线的投影应依附于这些平面的投影，不需另行画出。

作图方法如下。

① 先画出完整圆柱的三视图。

② 按槽宽、槽深依次画出正面和水平面投影，再依据点、直线、平面的投影规律画出侧面投影。

注意：①因圆柱的最前、最后素线均在开槽部位被切去，故左视图中的外形轮廓线在开槽部位向内"收缩"，其收缩程度与槽宽有关。

②注意区分槽底侧面投影的可见性，即槽底的侧面投影积聚为一直线，中间部分($b''→d''$)是不可见的。

3. 平面切割圆锥

【例4】圆锥被倾斜于轴线的平面截切，用辅助素线法求圆锥的截交线(见图3-11)。

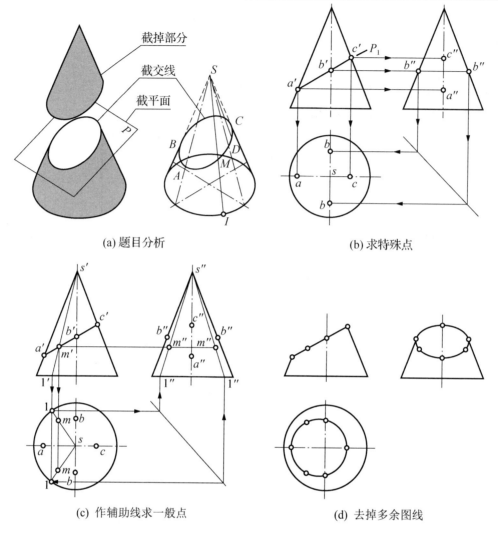

截掉部分

截交线

截平面

(a) 题目分析

(b) 求特殊点

(c) 作辅助线求一般点

(d) 去掉多余图线

图 3-11　用辅助素线法求圆锥的截交线

分析：截交线上任一点 M，可看成圆锥表面某一素线 $S1$ 与截平面 P 的交点。因点 M 在素线 $S1$ 上，故点 M 的三面投影分别在该素线的同面投影上。由于截平面 P 为正垂面，截交线的正面投影积聚为一直线，故需求作截交线的水平投影和侧面投影。

作图方法如下。

① 求特殊点。c 为最高点，根据 c'，可作出 c 及 c''；A 为最低点，根据 a' 可作出 a 及 a''；B 为最前、最后点(前后对称点)，根据 b'，可作出 b''，进而画出 b。

② 利用辅助素线法求一般点。作辅助素线 $s'1'$ 与截交线的正面投影相交，得 m'，作出辅助素线的其余两投影 $s1$ 及 $s''1''$，进而作出 m 和 m''。

③ 去掉多余图线，将各点依次连成光滑的曲线，即为截交线的投影。

【例 5】 圆锥被平行于轴线的平面截切，用辅助平面法求圆锥的截交线(见图 3-12)。

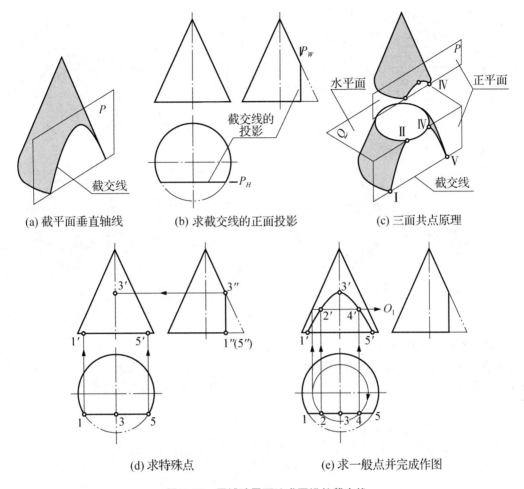

(a) 截平面垂直轴线　　(b) 求截交线的正面投影　　(c) 三面共点原理

(d) 求特殊点　　　　　(e) 求一般点并完成作图

图 3-12　用辅助平面法求圆锥的截交线

分析：作垂直于圆锥轴线的辅助平面 Q 与圆锥面相交，其交线为圆。此圆与截平面 P 相交得两点，这两个点是圆锥面、截平面 P 和辅助平面 Q 三个面的共有点，当然也是截交线上的点。由于截平面 P 为正平面，截交线的水平投影和侧面投影分别积聚为一直线，故只需作出正面投影。

作图方法如下。

① 求特殊点。Ⅲ 为最高点，根据侧面投影 $3''$，可作出 3 及 $3'$；Ⅰ、Ⅴ 为最低点，根据水平投影 1 及 5，可作出 $1'$、$5'$及 $1''$、$5''$。

② 利用辅助平面法求一般点。作辅助平面 Q 与圆锥相交，交线是圆(称为辅助圆)。辅助圆的水平投影与截平面的水平投影相交于 2 和 4，即为所求共有点的水平投影。根据 2 和 4，再作出其余 $2'$、$4'$及 $2''$、$4''$。

③ 将 $1'$、$2'$、$3'$、$4'$、$5'$连成光滑的曲线，即为所求截交线的正面投影。

4. 平面切割圆球

圆球被任意方向的平面截切，其截交线都是圆。当截平面为投影面平行面时，截交线在投影面上的投影为圆，其余两面投影积聚为直线。该直线的长度等于圆的直径，直径的大小与截平面至球心的距离 B 有关，如图 3-13 所示。

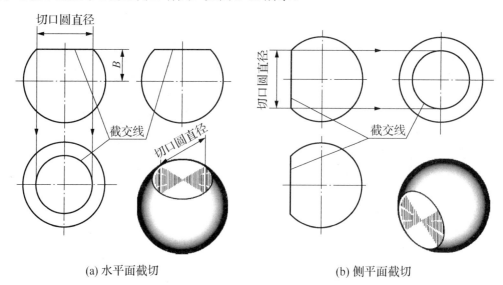

(a) 水平面截切   (b) 侧平面截切

图 3-13   圆球被平面截切的画法

【例 6】画出半圆球开槽的三视图(见图 3-14)。

分析：由于半圆球被两个对称的侧平面和一个水平面截切，所以两个侧平面与球面的截交线，各为一段平行于侧面的圆弧，而水平面与球面的截交线为两段水平圆弧。

作图方法如下。

① 首先画出完整半圆球的三视图。

② 根据槽宽和槽深依次画出正面、水平面和侧面投影，作图的关键在于确定辅助圆弧半径 $R1$ 和 $R2(R1$ 和 $R2$ 均小于半圆球的半径 $R)$。

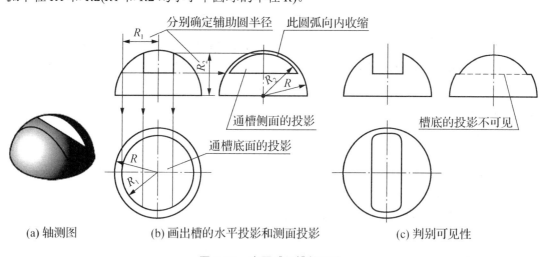

(a) 轴测图   (b) 画出槽的水平投影和测面投影   (c) 判别可见性

图 3-14   半圆球开槽的画法

注意：① 因圆球的最高处在开槽部位被切去，故左视图中上方的外形轮廓线向内"收缩"，其收缩程度与槽宽有关，槽越宽收缩越大。

② 注意区分槽底侧面投影的可见性，槽底的中间部分是不可见的。

二、相贯线

两立体表面相交时产生的交线，称为相贯线。由于两个相交回转体的形状、大小和相对位置不同，相贯线的形状也不同。相贯线具有下列基本性质。

① 共有性。相贯线是两个回转体表面的共有线，也是两个回转体表面的分界线，所以相贯线上的所有点都是两个回转体表面的共有点。

② 封闭性。一般情况下，相贯线是封闭的空间曲线，特殊情况下是平面曲线或直线。

1. 利用投影的积聚性求相贯线

【例7】圆柱与圆柱异径正交，补画相贯线的投影(见图3-15)。

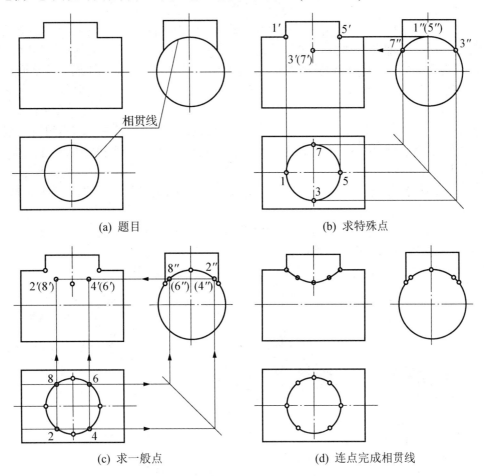

(a) 题目　　　　　　(b) 求特殊点

(c) 求一般点　　　　　　(d) 连点完成相贯线

图 3-15　两圆柱异径正交的相贯线画法

分析：小圆柱的轴线垂直于水平面，故相贯线的水平投影为圆(与小圆柱面的积聚性投影重合)；大圆柱面的轴线垂直于侧面，故相贯线的侧面投影为圆弧(与大圆柱面的部分积聚性投影重合)，只需补画相贯线的正面投影即可。

作图方法如下。

① 作特殊点。由水平投影看出，1、5 两点是最左、最右点的投影，也是两个圆柱正面投影外形轮廓线的交点，可由 1、5 对应求出 1″、(5″)及 1′、5′(此两点也是最高点)；由侧面投影看出，小圆柱与大圆柱的交点 3″、7″是相贯线最低点的投影，由 3″、7″可直接对应作出 3、7 及 3′(7′)。

② 作一般点。一般点决定曲线的趋势。任取对称点的水平投影 2、4、6、8，然后作其侧面投影 2″(4″)及 8″(6″)，最后作出正面投影 2′(8′)及 4′(6′)。

③ 按顺序光滑地连接 1′、2′、3′、4′、5′，即得相贯线的正面投影。

2. 利用辅助平面法求相贯线

当两个回转体的相贯线不能用积聚性直接作出时，可用辅助平面法求解。辅助平面法是求相贯线上共有点的常用方法，适用于两个回转体相贯的各种情况。

辅助平面法的作图原理是用一辅助平面与两个回转体同时相交，得到两组截交线，这两组截交线均处于辅助平面内，其交点为辅助平面与两个回转体表面的共有点(三面共点)，即相贯线上的点。应选取特殊位置平面作为辅助平面，并使辅助平面与两个回转体的截交线为最简图形(直线或圆)。

【例8】圆柱与圆锥轴线正交，作相贯线的投影(见图 3-16)。

分析：由于圆柱与圆锥两轴线垂直相交，相贯线是一条前后、左右对称的封闭空间曲线。相贯线侧面投影与圆柱侧面投影(圆)的一部分重合，需作出水平投影和正面投影。

作图方法如下。

① 作特殊点。根据侧面投影可直接画出最左、最右(也是最高)点以及最前、最后(也是最低)点的正面投影和水平投影。

② 作一般点。在最高点和最低点之间作辅助平面 P(水平面)，与圆锥面的交线为圆，与圆柱面的交线为两平行直线，其交点即为相贯线上的点。

③ 按顺序光滑地连接各点的同面投影，即为相贯线的投影。

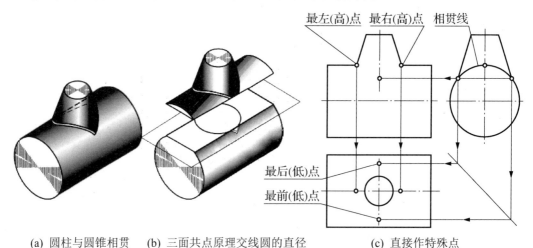

(a) 圆柱与圆锥相贯　　(b) 三面共点原理交线圆的直径　　　　(c) 直接作特殊点

图 3-16　圆柱与圆锥正交的相贯线画法

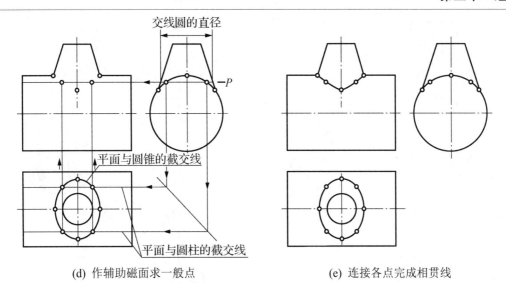

(d) 作辅助磁面求一般点　　　　　　(e) 连接各点完成相贯线

图 3-16　圆柱与圆锥正交的相贯线画法(续)

3. 内相贯线的画法

当在圆筒上钻有圆孔时(见图 3-17)，则孔与圆筒外表面及内表面均有相贯线。在内表面产生的交线，称为内相贯线。内相贯线和外相贯线的画法相同，但内相贯线的投影不可见而画成细虚线。

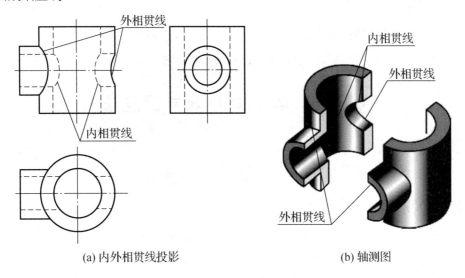

(a) 内外相贯线投影　　　　　　　　(b) 轴测图

图 3-17　孔与孔相交时相贯线的画法

4.相贯线的特殊情况

两个回转体相交，一般情况下相贯线为空间曲线。特殊情况下，相贯线为平面曲线或直线，如图 3-18 所示。

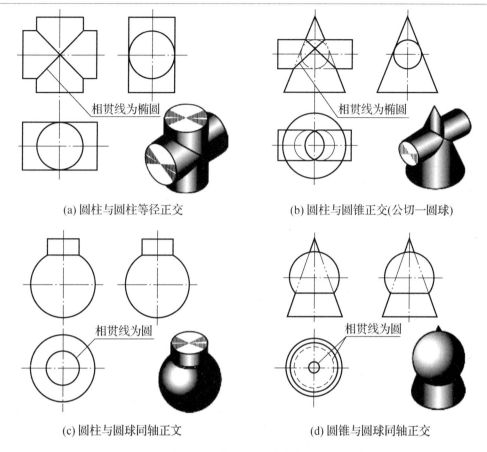

(a) 圆柱与圆柱等径正交   (b) 圆柱与圆锥正交(公切一圆球)

(c) 圆柱与圆球同轴正文   (d) 圆锥与圆球同轴正交

图 3-18　相贯线的特殊情况

第三节　组合体的尺寸标注法

视图只能表达组合体的结构和形状，若要表示其大小，不但需要标注出尺寸，而且必须标注得完整、清晰，并符合国家标准关于尺寸注法的规定。

一、尺寸的种类

为了将尺寸标注得完整，在组合体视图上，一般需标注下列几类尺寸。

① 定形尺寸：确定组合体各组成部分的长、宽、高三个方向的尺寸。
② 定位尺寸：确定组合体各组成部分相对位置的尺寸。
③ 总体尺寸：确定组合体外形的总长、总宽、总高尺寸。

二、标注组合体尺寸的方法和步骤

标注组合体尺寸，大致有以下几个步骤。

第一步　按形体分析法，将组合体分解为若干基本形体。

第二步　选定尺寸基准，标注各基本形体之间相对位置的定位尺寸。

第三步 标注出各基本形体的定型尺寸。

第四步 标注组合体的总体尺寸。

标注定位尺寸时，必须选择好尺寸基准。标注尺寸时，用以确定尺寸位置所依据的一些面、线或点称为尺寸基准。

组合体有长、宽、高三个方向的尺寸，每个方向至少有一个尺寸基准，应以这个基准来确定基本形体在该方向上的相对位置。标注尺寸时，通常以组合体的底面、端面、对称面、回转体轴线等作为尺寸基准。当各基本形体的相对位置对称时，可以省略一些定位尺寸。

三、标注尺寸时应注意的问题

尺寸标注除要求完整、正确外，还要求标注得清晰、明显，以方便看图。为此，标注尺寸时应注意以下几个问题。

① 尺寸尽可能标注在表示形体特征最明显的视图上。同一形体的尺寸应尽量集中标注。

② 直径尺寸尽量标注在投影为非圆的视图上，圆弧的半径应标注在投影为圆的视图上。

③ 尺寸尽量不标注在细虚线上。

四、组合体常见结构的尺寸标注法

机械组合体常见结构的尺寸标注法如表 3-2 所示。

表 3-2 组合体常见结构的尺寸标注法

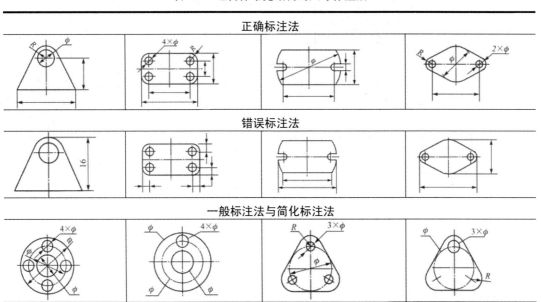

第四节　绘制组合体三视图

知识目标

(1) 掌握"构造线""射线"命令。

(2) 掌握"复制"命令。

(3) 掌握"移动""旋转""对齐"命令。

(4) 掌握夹点的编辑。

能力目标

具备绘制三视图的能力。

一、工作任务

组合体的三视图如图 3-19 所示。一般先根据"主、俯视图长对正"的投影特性，绘制与编辑主、俯视图，再根据"主、左视图高平齐""俯、左视图宽相等"的投影特性，绘制左视图。本任务主要介绍组合体三视图的绘制方法和步骤。

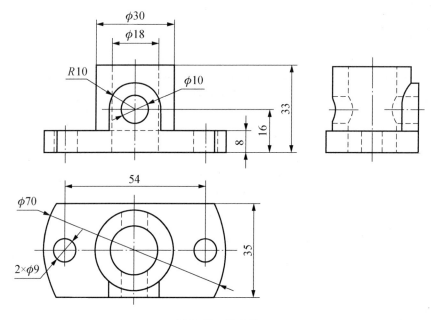

图 3-19　组合体

二、相关知识

(一)构造线命令

1. 功能

绘制通过给定点的双向直线，一般用作辅助线。

2. 调用命令的方法

① 绘图工具栏：单击"构造线"按钮✐。

② 命令：输入 XLINE，按回车键。

③ 菜单：选择"绘图"→"构造线"命令。

3. 操作步骤

命令：_xline
指定点或 [水平(H)/垂直(V)/角度(A)/二等分(B)/偏移(O)]：*用鼠标指定点所在的位置*
指定通过点：　　　　　　　　　　　　　　*用鼠标指定所通过点的位置*

4. 有关说明及提示

① 水平(H)：绘制通过指定点的水平构造线。

② 垂直(V)：绘制垂直构造线，方法与绘制水平构造线相同。

③ 角度(A)：绘制与指定直线成指定角度的构造线。

④ 二等分(B)：绘制平分一角的构造线。

⑤ 偏移(O)：绘制与指定直线平行的构造线。

5. 举例

(1) 画水平或垂直构造线。

命令：_xline
指定点或 [水平(H)/垂直(V)/角度(A)/二等分(B)/偏移(O)]：*输入 H 或 V，选择水平或垂直
绘制构造线*
指定通过点：　　　　　　　*利用合适的定点方式指定构造线经过的点*
指定通过点：　　　　*利用合适的定点方式指定另一条构造线要经过的点，或回车*

(2) 画二等分角的构造线。

命令：_xline
指定点或 [水平(H)/垂直(V)/角度(A)/二等分(B)/偏移 O]：*输 B，回车*
指定角的顶点：　　　　　　*利用合适的定点方式指定需要平分的角的顶点*
指定角的起点：　　　　　　*利用对象捕捉方式在角的第一条边上指定一点*
指定角的端点：　　　　　　*利用对象捕捉方式在角的第二条边上指定一点*
指定角的端点：　　　　　　　　　　　　　　　　　　* 回车*

(二)射线命令

1. 功能

利用"射线"命令可以绘制以指定点为起点的单向直线。

2. 调用命令的方法

① 绘制工具栏：单击"射线"按钮。

② 命令：输入 RAY，按回车键。

③ 菜单：执行"绘图"→"射线"命令。

3. 操作步骤

命令：_ray
指定起点：　　　　　　　　　　　　*利用合适的定点方式指定射线的起点*
指定通过点：　　　　　　　　　　*利用合适的定点方式指定射线要经过的另一个点*
指定通过点：　　　　　　　　*利用合适的定点方式指定另一条射线要经过的点，或回车*

(三)复制命令

1. 功能

在绘图过程中，经常会遇到两个或多个完全相同的图形实体。可以先绘制一个，然后利用复制命令进行复制，以提高绘图效率。

复制命令的功能：将选定的对象在新的位置进行一次或多次复制。

2. 调用命令的方法

① 修改工具栏：单击"复制"按钮 ⬚。
② 命令：输入 COPY，按回车键。
③ 菜单：执行"修改"→"复制"命令。

3. 操作步骤

命令：_copy
选择要复制的实体：　　　　　　　　　　　*用鼠标单击要复制的对象*
集合中的实体数：　　　　　　　　　　*提示选择对象的个数*
选择要复制的实体：　　　　　　*回车或鼠标右键单击，表示选择结束*
矢量(V)/<基点>：　　　　　　　　　　　　*选择基点*
移动点：　　　　　　　　　　　　　*选择移动点*
移动点：　　　　　　　　　　　　　*选择移动点*
移动点：　　　　　　　　　　　　　*选择移动点*
移动点：　　　　　　　*选择移动点，直至回车表示确定*

下面举例说明复制正五边形的操作。

命令：_copy
选择要复制的实体：　　　　　　　　　　　*用鼠标单击要复制的对象*
集合中的实体数：1　　　　　　　　　*提示选择对象的个数为1*
选择要复制的实体：回车或鼠标右键单击　　　　　*表示选择结束*
矢量(V)/<基点>：　　　　　　　　　　　　*选择基点*
移动点：　　　　　　　　　　　　　*选择移动点*
移动点：　　　　　　　　　　　　　*选择移动点*
移动点：　　　　　　　　　　　　　*选择移动点*
移动点：　　　　　*回车表示结束，一共复制三个正五边形*

(四)旋转命令

1. 功能

将选定的对象绕着指定的基点旋转指定的角度。

2. 调用命令的方法

① 修改工具栏：单击"旋转"按钮 ⟳ 。

② 命令：输入 ROTATE，按回车键。

③ 菜单：执行"修改"→"旋转"命令。

3. 操作步骤

命令：_rotate
UCS 当前的正角方向： ANGDIR=逆时针 ANGBASE=0
选择对象：   *选择要旋转的对象*
选择对象：   *回车，结束选择*
指定基点：   *指定旋转的基点*
指定旋转角度，或 [复制(C)/参照(R)] <30>：   *输入旋转的角度，回车*

注意：顺时针旋转为负，逆时针旋转为正。

(五)移动命令

1. 功能

将选定的对象从一个位置移到另一个位置。

2. 调用命令的方法

① 修改工具栏：单击"移动"按钮 ✛ 。

② 命令：输入 MOVE，按回车键。

③ 菜单：执行"修改"→"移动"命令。

3. 操作步骤

命令：_move
选择对象：   *选择要移动的对象*
选择对象：   *回车，结束选择*
指定基点或 [位移(D)] <位移>：   *指定移动的基点*
　　指定第二个点或 <使用第一个点作为位移>：   *指定移动的所在新位置*

三、任务实施

第一步 设置绘图环境。

① 单击"新建"按钮，在"创建新图形"对话框中选择"默认设置"为"公制"。

② 利用"图层"命令，创建"粗实线"层，并设置颜色为绿色，线型为
Continuous，线宽为 0.3 mm；创建"细点画线"层，并设置颜色为红色，线型为 Center；
创建"虚线"层，并设置颜色为黄色，线型为 Hidden；创建"尺寸"层，并设置颜色为黄
色，线型为 Continuous。将"粗实线"层设置为当前层。

③ 利用"草图设置"命令，设置对象捕捉模式为"端点、中点、圆心、象限点、交
点"，并设置极轴角增量为 15°，确定追踪方向。

④ 在状态行上，依次单击"极轴""对象捕捉""对象追踪""线宽"按钮。

⑤ 用"图形界限"命令设置图限，左下角为(0,0)，右上角为(210,297)。

⑥ 执行 ZOOM(图形缩放)命令的 All 选项，显示图形界限。

第二步 进行形体分析，将组合体分解成底板、铅垂圆柱、U 形凸台，注意各部分的相对位置。

第三步 绘制底板俯视图。

① 绘制底板ϕ70 mm 的圆(操作过程略)。

② 利用自动追踪功能绘制上、下两条水平轮廓线及中心线。

③ 以两条水平轮廓线为边界，修剪ϕ70 mm 圆多余的圆弧，如图 3-20(a)所示。

④ 捕捉上述中心线交点，水平向左追踪 27 mm，得到圆心，绘制ϕ9 mm 小圆。

⑤ 用"对象捕捉追踪"功能绘制ϕ9 mm 小圆的垂直中心线，如图 3-20(b)所示。

⑥ 以垂直中心线为镜像线，镜像复制ϕ9 mm 小圆及垂直中心线，如图 3-20(c)所示。

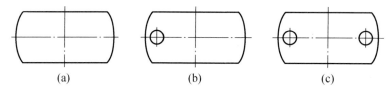

(a)　　　　　　　　　(b)　　　　　　　　　(c)

图 3-20　执行命令后的图形

第四步 绘制底板主视图。

① 绘制底板外形轮廓线。

操作如下。

命令：_line　　　　　　　　　　　　　*单击图标按钮，启动"直线"命令*

指定第一点：*移动光标至点 A，出现端点标记及提示，向上移动光标至合适位置，单击鼠标，如图 3-21(a)所示*

指定下一点或[放弃(U)]：70 ↵　　　　*向右移动鼠标，水平追踪，输入 70，按回车键*

指定下一点或[放弃(U)]：8 ↵　　　　　*向上移动鼠标，垂直追踪，输入 8，按回车键*

指定下一点或[放弃(U)]：70 ↵　　　　*向左移动鼠标，水平追踪，输入 70，按回车键*

指定下一点或[放弃(U)]：c ↵　　　　　　　　　　　　　　　　*封闭图形*

② 利用"对象捕捉追踪"功能绘制主视图上两条垂直截交线，如图 3-21(b)所示。

③ 绘制底板主视图上左侧ϕ9 mm 小圆的中心线和转向轮廓线，再次分别将其改到相应的点画线和虚线图层上；绘制对称中心线并镜像复制，如图 3-21(c)所示。

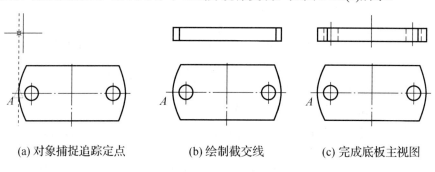

(a) 对象捕捉追踪定点　　　　(b) 绘制截交线　　　　(c) 完成底板主视图

图 3-21　完成底板图

第五步 在俯视图上捕捉中心线交点，作为圆心，绘制铅垂圆柱及孔的俯视图 $\phi 30\,\text{mm}$、$\phi 18\,\text{mm}$ 的圆，如图 3-22(a)所示。

第六步 绘制主视图上铅垂圆柱及孔的轮廓线。

① 绘制铅垂圆柱主视图的轮廓线。

② 用同样的方法绘制 $\phi 18\,\text{mm}$ 孔的主视图的轮廓线，并改为虚线层，如图 3-22(b)所示。

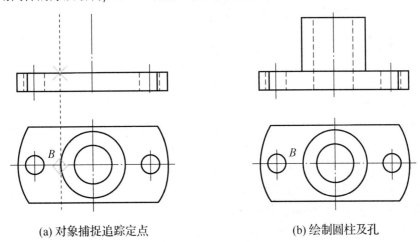

(a) 对象捕捉追踪定点 　　　　　　　(b) 绘制圆柱及孔

图 3-22 绘制圆柱及孔的主视图

第七步 绘制 U 形凸台及孔的主视图。

① 捕捉追踪主视图底边中点，如图 3-23(a)所示。垂直向上追踪 16 mm，得到圆心，绘制 $\phi 20\,\text{mm}$ 的圆，再绘制 $\phi 10\,\text{mm}$ 的同心圆。

② 绘制 $\phi 20\,\text{mm}$ 圆的两条垂直切线，如图 3-23(b)所示。

③ 以上述两条切线为剪切边界，修剪 $\phi 20\,\text{mm}$ 圆的下半部分。

④ 绘制 $\phi 20\,\text{mm}$ 圆的水平中心线，并将其改到点画线层上，如图 3-23(c)所示。

⑤ 用"打断于点"命令将底板主视图上边在 C 点处打断。用同样方法将底板上边在 D 点处打断，将 CD 线改到虚线层上，完成主视图，如图 3-23(d)所示。

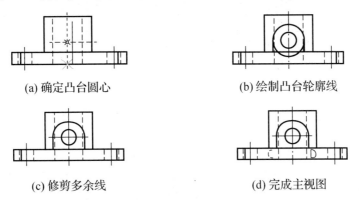

(a) 确定凸台圆心 　　　　　　　(b) 绘制凸台轮廓线

(c) 修剪多余线 　　　　　　　(d) 完成主视图

图 3-23 绘制 U 形凸台

第八步 绘制 U 形凸台及孔的俯视图。

利用对象捕捉追踪功能绘制凸台俯视图轮廓线及孔的转向轮廓线，并将 $\phi 10\,\text{mm}$ 孔的

转向轮廓线改到虚线层上(操作过程略)。

第九步 绘制左视图。

① 利用对象捕捉追踪功能确定左视图的位置，如图 3-24 所示。绘制底板和圆柱左视图。

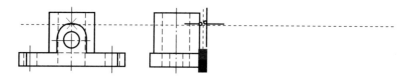

图 3-24 绘制左视图

② 绘制截交线与相贯线。

用"圆弧"命令的"起点、端点、半径"选项绘制相贯线 12 及其内孔相贯线 34、56，并将相贯线 34、56 改为虚线层，如图 3-25(b)所示。利用对象捕捉追踪功能绘制截交线 78，用"圆弧"命令的"起点、端点、半径"选项绘制相贯线 U 形凸台与 ϕ30 mm 圆柱的外形相贯线 89，完成图形，如图 3-25(c)所示。

第十步 删除复制、旋转后的辅助图形。

第十一步 保存图形，命名为"组合体三视图"。

(a) 左视图   (b) 绘制相贯线   (c) 绘制截交线及相贯线

图 3-25 完成后的左视图

第四章 轴测投影图

第一节 轴测投影图的基本知识

三视图完全可以表示空间物体的形状和大小，其优点是作图简单、量度性好，在工程上应用广泛。但是其立体感差，缺乏看图基础的人难以看懂。因此，人们经常借助富有立体感的轴测图。轴测图是有立体感的平面图形，看图方便，但绘制比较烦琐，而且只能从一个角度表现物体形状。

一、轴测图的形成

轴测图就是将物体连同其直角坐标系，沿不平行于任一坐标平面的方向，用平行投影法将其投影在单一投影面上所得到的图形。投影所在的面称为轴测投影面。按照投射方向与轴测投影面的夹角不同，轴测图有正轴测图和斜轴测图之分。按投射方向与轴测投影面垂直的方法画出来的是正轴测图，如图 4-1(a)所示；按投射方向与轴测投影面倾斜的方法画出来的是斜轴测图，如图 4-1(b)所示。

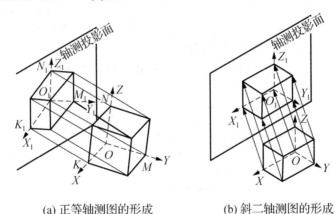

(a) 正等轴测图的形成   (b) 斜二轴测图的形成

图 4-1 轴测图的形成

二、轴测轴、轴间角、轴向伸缩系数

如图 4-1 所示，空间直角坐标系的 OX、OY 和 OZ 坐标轴，在轴测投影面上的投影 O_1X_1、O_1Y_1 和 O_1Z_1 称为轴测轴。轴测投影图中，两根轴测轴间的夹角称为轴间角。轴测单位长度 O_1K_1、O_1M_1、O_1N_1 与相应投影轴上的单位长度 OK、OM、ON 的比值(即投影长与原长的比)为轴向伸缩系数。各轴的轴向伸缩系数为 p_1、q_1、r_1，则：

X 轴向伸缩系数 $P_1 = O_1K_1/OK$；

Y 轴向伸缩系数 $q_1 = O_1M_1/OM$；

Z 轴向伸缩系数 $r_1 = O_1N_1/ON$。

三、轴测图上投影的基本特性

因轴测图是根据平行投影法画出的平面图形,所以它具有平行投影的一般性质。

(1) 平行性。空间平行的线段,投影在轴测投影面上仍相互平行且长度比不变;空间平行于坐标轴的线段,投影在轴测投影面上仍平行于坐标轴。

(2) 沿轴性。空间与坐标轴平行的线段,画轴测图时可沿轴测轴或与轴测轴平行的方向直角度量,所谓"轴测"就是沿轴向测量的含义。

四、轴测图的分类

如前文所述,按照投射方向不同,轴测图分为正轴测图和斜轴测图两类,每类按轴向伸缩系数不同又分为正(斜)等轴测图($p_1=q_1=r_1$)、正(斜)二轴测图($p_1=q_1\neq r_1$)和正(斜)三轴测图($p_1\neq q_1\neq r_1$)。常用的是正等轴测图和斜二轴测图。

第二节　基本体的轴测图画法

一、正等轴测图的画法

正等轴测投影是将物体放置在一个特殊的位置——OX、OY、OZ 轴均与投影面成相同倾角之后向轴测投影面作的投影。画轴测图的关键是确定轴测轴的方向。

如图 4-2 所示,正等轴测图的轴间角均为 120°,画图时使 O_1Z_1 轴处于竖直位置,O_1X_1、O_1Y_1 均与水平成 30°,可利用三角板上的 30° 斜边方便地画出。

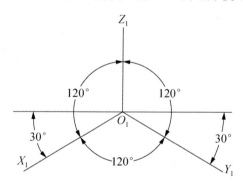

图 4-2　正等轴测轴

1. 平面立体正等轴测图的画法

画轴测图常用的方法有坐标法、切割法、叠加法和综合法。坐标法是最基本的方法,图 4-3(a)所示为正六棱柱的正投影图。

下面以正六棱柱体为例用坐标法绘制正等轴测图。

分析:根据物体的形状,确定坐标原点和作图顺序。由于正六棱柱的前后、左右对称,故把坐标原点定在顶面六边形的中心,如图 4-3(b)所示。由于正六棱柱的顶面和底面均为平行于水平面的六边形,在轴测图中,顶面可见,底面不可见。为减少作图线,应从顶面开始画。作图方法与步骤如下。

(1) 画轴测轴，如图 4-3(b)所示。

(2) 用坐标定点法作图。

① 画出正六棱柱顶面的轴测图。以点 O_1 为中点，在 O_1X_1 轴上取 $1_14_1=14$，在 O_1Y_1 轴上取 $A_1B_1=AB$，如图 4-3(b)所示，过点 A_1、B_1 作 O_1X_1 轴的平行线，分别以点 A_1、B_1 为中点，在所作的平行线上取 $2_13_1=23$，$5_16_1=56$，如图 4-3(c)所示。再用直线顺次连接 1_1、2_1、3_1、4_1、5_1 和 6_1 点，得顶面的轴测图，如图 4-3(d)所示。

② 画棱面的轴测图。6_1、1_1、2_1、3_1 各点向下作 O_1Z_1 轴的平行线，并在各平行线上按尺寸 h 取点，再一次连线，如图 4-3(e)所示。

③ 完成全图。擦去多余图线并加深，如图 4-3(f)所示。

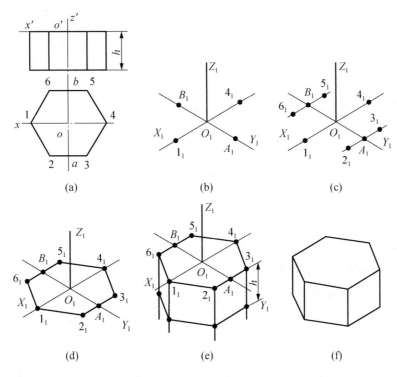

(a)　　　　　(b)　　　　　(c)

(d)　　　　　(e)　　　　　(f)

图 4-3　正六棱柱的正等轴测图的近似画法

2. 圆的正等轴测图的画法

平行于投影面的圆的正等轴测图的画法：由于正等轴测图的三个坐标轴都与轴测投影面倾斜，所以平行于投影面的圆的正等轴测图均为椭圆，如图 4-4 所示。

椭圆的正等轴测图一般采用四心圆弧法作图。下面以半径为 R 的水平圆为例，说明圆的正等轴测图的近似画法。作图方法与步骤如图 4-5 所示。

(1) 定出直角坐标的原点及坐标轴，如图 4-5(a)所示。

(2) 画圆的外切正方形 1234，与圆相切于 a、b、c、d，

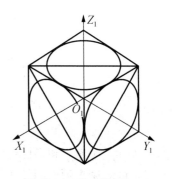

图 4-4　圆的正等轴测图

四点，如图 4-5(b)所示。

(3) 画出轴测轴，并在 X_1、Y_1 轴上截取 O_1、$A_1=O_1$、$C_1=O_1$、$B_1=O_1$、$D_1=R$，得 A_1、B_1、C_1、D_1 四点，如图 4-5(c)所示。

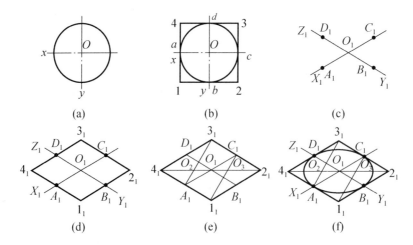

图 4-5　圆的正等轴测图的近似画法

(4) A_1、C_1 和 B_1、D_1 点分别作 Y_1、X_1 轴的平行线，得菱形 $1_1 2_1 3_1 4_1$，如图 4-5(d)所示。

(5) 连 $1_1 C_1$、$3_1 A_1$ 分别与 $2_1 4_1$ 交于 O_2 和 O_3，如图 4-5(e)所示。

(6) 分别以 1_1、3_1 为圆心，$1_1 C_1$、$3_1 A_1$ 为半径画圆弧，再分别以 O_2、O_3 为圆心，$O_2 D_1$ 为半径画圆弧。由这四段圆弧光滑连接而成的图形即为所求的近似椭圆，如图 4-5(f)所示。

3. 回转体的正等轴测图的画法

图 4-6 所示为圆柱体的正等轴测图的画法。

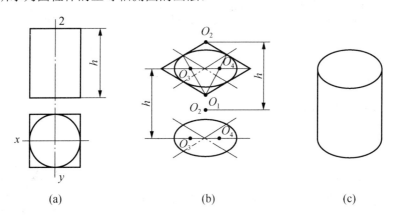

图 4-6　圆柱体的正等轴测图画法

(1) 定原点和坐标轴，如图 4-6(a)所示。

(2) 画出顶面圆的正等轴测图，再将顶面四段圆弧的圆心向下移 h，画出底面圆的正等轴测图，如图 4-6(b)所示。

(3)　作两椭圆的公切线，擦去多余线条并描深，完成全图，如图4-6(c)所示。

二、斜二测图的画法

　　将物体上平行于 XOZ 坐标面的平面放置成与轴测投影面平行，让投影方向与轴测投影面倾斜成 $45°$，所得投影图称为斜二测图，简称斜二测，如图4-7所示。

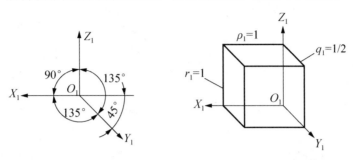

(a) 斜二测的轴间角　　　　(b) 斜二测的轴向变形系数

图4-7　斜二测的轴间角及轴向变形系数

　　在斜二测图中，凡是平行于 XOZ 坐标面平面的轴测投影都反映实形，所以对于单方向形状较复杂的形体，其轴测图简单易画。

　　绘制斜二测图的基本方法与正等测图相同，都是沿轴测量，沿轴画图。斜二测图的轴间角如图4-8所示，且沿 O_1Y_1 轴方向量取尺寸时应取原长的1/2。

　　绘制图4-7所示的平面立体的斜二测图。

(1)　画出轴测轴 O_1X_1、O_1Y_1、O_1Z_1，画前端面的轴测投影。

(2)　画 O_1Y_1 轴的轴向线段，取原长的1/2；

(3)　连接各端点，完成全图。

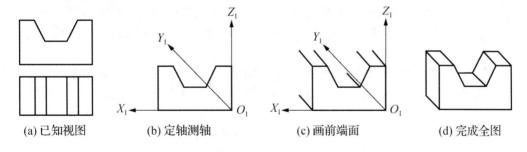

(a) 已知视图　　　　(b) 定轴测轴　　　　(c) 画前端面　　　　(d) 完成全图

图4-8　平面立体斜二测图

第三节　组合体的轴测图画法

　　组合体的组合方式有切割、叠加及综合等。切割法：在基本体的基础上，利用切面进行切割；叠加法：由几个基本体组合；综合法：叠加法和切割法的综合运用，其轴测图的完成是在读三视图的基础上，再根据其组合方式，从基本形体开始，自下而上、由前至后，按其相对位置逐一画出。

【例1】画出图4-9(a)所示立体的正等轴测图。

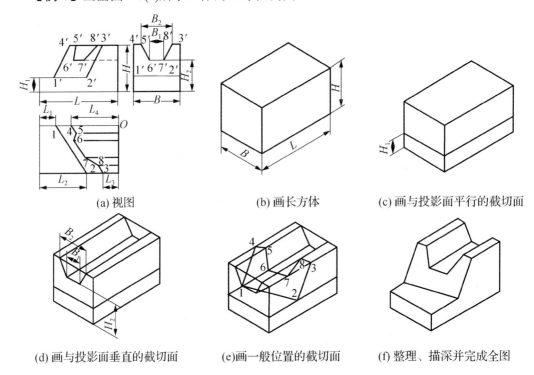

(a) 视图　　　　　　　(b) 画长方体　　　　　　(c) 画与投影面平行的截切面

(d) 画与投影面垂直的截切面　　　(e)画一般位置的截切面　　　(f) 整理、描深并完成全图

图 4-9　切割型组合体正等轴测图画法

通过形体分析可知，该立体是由长方体切割而成，作图时可先画出长方体的正等轴测图，再按逐次切割的顺序作图，画图步骤如图 4-9(b)、图 4-9(c)、图 4-9(d)、图 4-9(e)及图 4-9(f)所示。

画切割型组合体正等轴测图的关键是如何确定截切平面的位置及截切平面与立体表面的交线。由图 4-9 可以看出，如果截切平面是投影面的平行面，作图时只要一个方向定位，即沿着与截切平面垂直的轴测轴方向量取定位尺寸。其交线通常平行于立体上对应的线，如图 4-9(c)所示。

若截切平面是投影面的垂直面，作图时需要两个方向定位，即在切平面所垂直的面上，分别沿两个轴测轴方向量取定位尺寸。其交线通常有一个与立体上的线平行，如图 4-9(d)所示。

如果是一般位置平面，作图时需要在三个方向量取定位尺寸，用不在同一直线上的三点确定截切平面位置，画出各顶点位置后，连线画出平面，如图 4-9(e)所示。如果一个一般位置平面有三个以上顶点，作图时要注意保证各点共面，可以用平面取点的方法画出其他各点。

第四节　绘制正等轴测图

知识目标

掌握用 AutoCAD 命令绘制正等轴测图的方法。

能力目标

通过正等轴测图的绘制，具备利用 AutoCAD 的相关命令绘制正等轴测图的能力，培养空间想象能力。

一、工作任务

根据所给的三视图(见图 4-10)绘制正等轴测图。

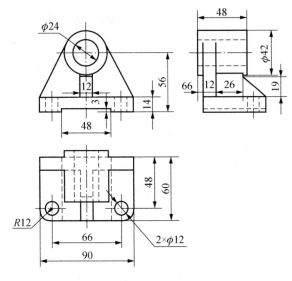

图 4-10　组合体的三视图

二、相关知识

(一)设置图形单位

1. 功能

用户在使用 AutoCAD 绘图前，首先要对绘图区域进行设置，以便确定绘制的图样与实际尺寸的关系，便于绘图。一般情况下，在绘制图形之前需要先设置图形的单位，然后设置图形的界限。

2. 调用命令的方法

①　命令：输入 UNITS，按回车键。
②　菜单：执行"格式"→"单位"命令。

3. 操作步骤

(1)　执行"格式"→"单位"菜单命令，打开"图形单位"对话框，如图 4-11(a)所示。设置"长度"和"角度"单位的"类型"和"精度"，以确定正在绘制对象的真实大小。

(2)　选择单位类型，确定图形输入、测量及坐标显示的值。长度选项的类型设有"分数""工程""建筑""科学""小数"五种长度单位，一般采用"小数"类型，这符合国标标准的长度单位类型。"长度"选项的"精度"可选择"小数"单位的精度。

(3) 在"图形单位"对话框中设置角度类型及精度。

(4) 单击"方向"按钮，弹出"方向控制"对话框。可以选择基准角度，通常以"东"作为 0°的方向，默认的正角方向为逆时针方向，如图 4-11(b)所示。

(a)   (b)

图 4-11   "图形单位"对话框

(二)设置图形界限

1. 功能

图形界限就是标明用户的工作区域和图纸的边界，设置图形界限就是为绘制的图形设置一定范围。

2. 调用命令的方法

① 命令：输入 LIMITS，按回车键。

② 菜单：执行"格式"→"图形界限"命令。

3. 操作步骤

使用以上任何一种办法，命令行提示如下：

指定左下角点或 [开(ON)/关(OFF)] <0.0000,0.0000>：*输入要绘制图纸区域的左下角点的坐标*

指定右上角点 <420.0000,297.0000>：   *输入要绘制图纸区域的右上角点的坐标*

注意：单击"栅格"图标，显示所设置的图形界限。

4. 命令行的有关说明

开(ON)：进行图形界限检查，不允许在超出图形界限的区域内绘制对象。

关(OFF)：不进行图形界限检查，允许在超出图形界限的区域内绘制对象。

在该提示下设置图形左下角的位置，可以输入一个坐标值并按回车键，也可以直接在绘图区用鼠标选定一点。如果保持默认值，直接按回车键，尖括号内的数值就是默认值。

(三)图层的设置与控制

1. 图层的作用

图形中通常包含多个图层，它们就像一张张透明的图纸重叠在一起。在机械、建筑等工程制图中，图形中主要包括基准线、轮廓线、虚线、剖面线、尺寸标注及文字说明等元素。如果用图层来管理这些元素，不仅会使图形的各种信息清晰有序便于观察，而且会给图形的编辑、修改和输出带来方便。

所有图形对象都具有图层、颜色、线型和线宽 4 个基本属性。可以使用不同的图层、颜色、线型和线宽绘制不同的对象，以便控制对象的显示和编辑，提高绘制复杂图形的效率和准确性。

2. 图层的设置

(1) "图层特性管理器"对话框。

选择"格式"→"图层"菜单命令，打开"图层特性管理器"对话框；也可以单击 按钮，打开图层特性管理器或在命令行输入 LAYER 命令。在"过滤器"列表中显示了当前图形中所使用的图层、组过滤器。在图层列表中显示了图层的详细信息。

(2) 新建图层并设置图层特性。

单击 按钮，打开图层特性管理器，单击"新建图层"按钮 ，创建一个图层，为其命名，设置线条颜色、线型、线宽等属性。单击"新建图层"按钮 ，也可以创建一个新图层，该图层在所有视口中都被冻结。单击 × 按钮，可将选中的图层删除。

(3) 图层颜色的设置。

新建图层后，要改变图层的颜色，可在"图层特性管理器"对话框中单击图层的"颜色"列表，打开"选择颜色"对话框，如图 4-12(a)所示。

(4) 线宽的设置。

要设置图层的线宽，可以在"图层特性管理器"对话框[见图 4-12(b)]的"线宽"列表中单击该图层对应的线宽；有 20 多种线宽可供选择。也可以选择"格式"→"线宽"菜单命令，打开"线宽"对话框。通过调整线宽比例，使图形中的线宽更宽或更窄。

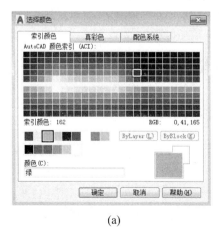

(a)　　　　　　　　　　(b)

图 4-12　图层颜色与线宽对话框

(5) 线型的设置。

线型是指图形基本元素中线条的组成和显示方式，如虚线和实线等。在图层特性管理器中单击"线型"按钮，弹出图 4-13(a)所示的"选择线型"对话框。系统默认只提供 Continuous 一种线型，如果需要其他线型，可以单击"加载"按钮，将需要的线型选中后单击"确定"按钮，即可完成线型的设置。

(a)   (b)

图 4-13　加载线型对话框

(6) 图层的几种状态。

① 开/关 ：当打开图层时，该图层上的对象可见，可在其上绘图。关闭的图层不可见，但可绘图。

② 冻结/解冻 ：冻结的图层不可见，不能在其上绘图。该图层上的对象不被刷新。

③ 锁定/解锁 ：锁定的图层仍可见，能被捕捉，能在其上绘图，但是不能编辑图形。

(7) 当前层的设置。

用户可根据需要设置多个图层，绘制对象时只能在一个图层中进行，这个图层称为当前图层。将某个图层设置为当前图层的方法是先选中该图层，然后单击"置为当前"按钮 。

注意：了解图层关闭与冻结、关闭与锁定之间的区别。

(四)删除命令

1. 功能

在绘图过程中，经常会产生一些没有用的对象、辅助线、错误图形等。利用 AutoCAD 提供的删除命令，可以删除这些对象。

2. 调用命令的方法

① 绘图工具栏：单击"直线"按钮 。

② 命令：输入 ERASE(E)，按回车键。

③ 菜单：执行"修改"→"删除"命令。

3. 操作步骤

命令：_erase
选择对象：   *选择要删除的对象*

选择对象：*选择要删除的对象，直至单击鼠标右键(或按回车键)结束选择，并删除所选中的对象*

4. 命令行中有关说明及提示

启动删除命令后，光标变为正方形，此时应选择要删除的对象。被选中的对象以虚线方式显示。

5. 恢复删除对象

如果误删除了对象，想恢复有以下两种方法。

① 使用"撤销"命令，"撤销"命令适合所有操作。

② 使用 OOPS 命令，此命令只能在命令行中发出，且只能恢复最后一次删除的对象。

(五)绘图辅助工具的设置与使用

在绘图时，灵活运用 AutoCAD 提供的绘图辅助工具进行准确定位，可以有效地提高绘图的精确性和效率。在 AutoCAD 中，可以使用系统提供的"对象捕捉""对象追踪"等功能，在不输入坐标的情况下快速、精确地绘制图形。本知识点主要介绍如何使用系统提供的栅格、正交、对象捕捉、极轴追踪、对象捕捉追踪等功能来精确定位点。

1. 栅格

"栅格"是一些标定位置的小点，类似于坐标纸的作用，可以提供直观的距离和位置参照。栅格在屏幕上显示，但不能打印出来。"栅格"的显示方法：单击状态栏上的▦按钮，这时工作界面上显示出栅格点，即为打开；再次单击该按钮，栅格消失，即为关闭。

为了使栅格点的分布更合理，用户可以对栅格行列间距值、旋转角进行设置。方法是：在状态栏上的掌握"栅格""正交""极轴""对象捕捉""极轴追踪""动态"按钮上单击鼠标右键，选择"设置"命令，弹出"草图设置"对话框。

2. 正交

单击状态栏上的▙按钮，可以打开正交模式，这样可以方便地绘制出与当前 X 轴或 Y 轴平行的线段；也可按快捷键 F8 打开或关闭正交模式。

3. 对象捕捉

(1) 打开和关闭自动对象捕捉模式。

在绘图过程中，使用对象捕捉模式的频率非常高。为此，AutoCAD 提供了一种自动对象捕捉模式。当光标在某个对象上时，系统自动捕捉到对象上所有符合条件的几何特征点，如端点、中点、交点、垂足、圆心、切点等，并显示相应的标记。如果把光标放在捕捉点上停留一会，系统还会显示捕捉提示。这样，在选点之前，就可以预览和确认捕捉点。

单击状态栏上的▯按钮，使其下凹即打开，再次单击则凸起即关闭。

(2) 设置自动对象捕捉。

用户可以根据需要设置对象捕捉模式。

右击状态栏上的▯按钮，选择"设置"选项，出现"草图设置"对话框。在"对象捕捉"选项卡中选中"启用对象捕捉"复选框，然后选中需要自动捕捉的对象捕捉模式。

(3) 相关说明。

选中"对象捕捉"复选框，表示对象捕捉已打开。按快捷键 F3，也可以打开或关闭对象捕捉。

① 端点□：在命令行提示下指定点时，可以使用该命令捕捉离光标最近图线的一个端点。该命令可以捕捉到圆弧、椭圆弧、直线、多线、多段线、样条曲线、面域和射线的端点，或捕捉到宽线、实体以及三维面域的角点。

② 中点△：在命令行提示下指定点时，可以使用该命令捕捉离光标最近图线的中点。该命令可以捕捉到圆弧、椭圆、椭圆弧、直线、多线、多段线、面域、实体、样条曲线或参照线的中点。

③ 交点×：在命令行提示下指定点时，可以使用该命令捕捉离光标最近两图线的交点。该命令可以捕捉到圆弧、圆、椭圆、椭圆弧、直线、多线、多段线、射线、面域、样条曲线或参照线的交点。

④ 外观交点⊠：在命令行提示下指定点时，可以使用该命令捕捉两个不相交图线的延伸交点。执行该命令后，分别单击两条不相交的图线，可以自动捕捉到延伸交点；也可以捕捉到虽不在同一平面但是可能看起来在当前视图中相交的两个对象的外观交点。

⑤ 延伸-：在命令行提示下指定点时，可以使用该命令捕捉离光标最近图线的延伸点。当光标经过对象的端点时(不能单击)，端点处将显示小加号(+)，继续沿着线段或圆弧的方向移动光标，将显示临时直线或圆弧的延长线，以便用户在临时直线或圆弧的延长线上指定点。如果光标滑过两个对象的端点后，在其端点处出现小加号(+)，移动光标到两个对象延伸线的交点附近，可以捕捉延伸交点。

⑥ 圆心⊙：在命令行提示下指定点时，可以使用该命令捕捉离光标最近曲线的圆心。该命令可以捕捉到圆弧、圆、椭圆或椭圆弧的圆心，还能捕捉到实体或者面域中圆弧的圆心。

⑦ 象限点◇：在命令行提示下指定点时，可以使用该命令捕捉离光标最近曲线的象限点。该命令可以捕捉到圆弧、圆、椭圆或椭圆弧的象限点。

⑧ 切点○：在命令行提示下指定点时，可以使用该命令捕捉离光标最近的图线切点。该命令可以捕捉到直线与曲线或曲线与曲线的切点。如果作两个圆的公切线，执行切点捕捉时，公切线的位置与选择切点的位置有关。

⑨ 垂足⊥：在命令行提示下指定点时，可以使用该命令捕捉外面一点到指定图线的垂足。用直线、圆弧、圆、多段线、射线、参照线、多线或三维实体的边等作为绘制垂直线的基础对象。

⑩ 平行线∥：在命令行提示下指定点时，可以使用该命令捕捉与已知直线平行的直线。指定矢量的第一个点后，执行捕捉平行线命令，然后将光标移动到另一个对象的直线段上(不要单击)，该对象上会显示平行捕捉标记，然后移动光标到指定位置，屏幕上将显示一条与原直线平行的虚线对齐路径，用户在此虚线上选择一点单击或输入距离数值，即可获得第二个点。

⑪ 插入点⌐：在命令行提示下指定点时，可以使用该命令捕捉离光标最近的块、形或文字的插入点。

⑫ 节点⊠：在命令行提示下指定点时，可以使用该命令捕捉离光标最近的点对象、

标注定义点或标注文字起点。

⑬　最近点⊠：在命令行提示下指定点时，可以使用该命令捕捉离光标最近的圆弧、圆、椭圆、椭圆弧、直线、多线、点、多段线、射线、样条曲线或参照线等图线上的点。

4. 极轴追踪

(1)　打开和关闭极轴追踪模式。

在绘图过程中，绘制斜线是比较麻烦的，特别是在指定角度和长度的条件下，利用极坐标输入也很慢，因此 AutoCAD 设置了极轴追踪的方式，以显示图线与水平方向的夹角。

单击状态栏上的 ⊘ 按钮，使其凹下即打开，再次单击则凸起即关闭。

(2)　设置极轴追踪。

①　右击状态栏上的 ⊘ 按钮，选择"设置"选项，出现"草图设置"对话框。在"极轴追踪"选项卡中选中"启用极轴追踪"复选框。

②　在"增量角"下拉列表框中设置显示极轴追踪对齐路径的极轴角增量，默认角度是 90°。可输入任何角度，也可以从下拉列表框中选择 90°、45°、30°、22.5°、18°、15°、10° 或 5° 中的一个常用角度，当光标移动到增量角的倍数数值的位置时，将显示极轴(一条虚点线)。

③　附加角：极轴追踪列表中增加的一种附加角度。

提示：附加角度是绝对的，而非增量的，有几个附加角就显示几个极轴位置。

打开极轴追踪，则正交模式自动关闭。

5. 对象捕捉追踪

(1)　打开和关闭对象追踪模式。

使用自动追踪功能可以快速、精确地定位点，这在很大程度上提高了绘图效率。单击状态栏上的 ∠ 按钮，使其下凹即打开，再次单击则凸起即关闭。

(2)　设置对象追踪。

右击状态栏上的 ∠ 按钮，选择"设置"选项，出现"草图设置"对话框。在"对象捕捉"选项卡中选中"启用对象捕捉追踪"复选框。

6. 使用动态输入

在 AutoCAD 中，使用动态输入功能可以在指针位置显示标注输入和命令提示等信息，极大地方便了绘图。

打开和关闭动态输入功能的方法：单击状态栏上的 ⊞ 按钮，使其下凹即打开，再次单击则凸起即关闭；或利用快捷键 F12 也可快速打开或关闭动态输入模式。

(1)　启用指针输入。

单击"草图设置"对话框中的"动态输入"选项卡，选中"启用指针输入"复选框。单击"设置"按钮，可以启用指针输入功能，也可以设置指针的格式和可见性。

(2)　启用标注输入。

在"动态输入"选项卡中，选中"可能时启用标注输入"复选框。单击"设置"按钮，弹出相应的对话框，可以启用标注输入功能，也可以设置标注的可见性。

三、任务实施

第一步 设置图形界限。

选择菜单"格式"→"单位"命令，然后设置长度单位为小数点后 2 位，角度单位为小数点后 1 位；选择菜单"格式"→"图形界限"命令，然后根据图形尺寸将图形界限设置为 297×210。打开栅格，显示图形界限。

第二步 设置对象捕捉。

打开"草图设置"对话框，如图 4-14 所示。选中"等轴测捕捉"单选按钮，再单击"确定"按钮。

图 4-14 "草图设置"对话框

第三步 光标设置。

按 Ctrl+E 组合键或 F5 键，可以切换光标的三种形式，分别是 top、left、right。在绘制直线时，三种形式都可以，只有在绘制圆柱时，要切换到相应模式。执行"椭圆"命令，选择"等轴测圆"命令。

第四步 绘图。

① 执行"直线"命令，设置"极轴追踪"角度为 300°。选择"启用"命令，分别沿 X 轴和 Y 轴方向绘制 90、60 的直线，如图 4-15(a)所示。

② 切换光标为 top 模式，绘制半径为 R12 的圆(执行"椭圆"命令，选择"等轴测圆"命令)，并执行"修剪"命令，如图 4-15(a)所示。

③ 复制图 4-15(a)向下移动 14，删除和修剪多余线条，然后绘制两个 φ12 mm 的圆。绘制凹槽，如图 4-15(b)所示。

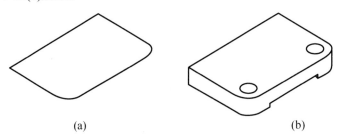

(a)   (b)

图 4-15 执行"直线""椭圆""修剪"命令

④ 切换到 right 模式，从后面中点向上作辅助线 42，作为椭圆的中心，绘制 $\phi 24\,mm$ 和 $\phi 42\,mm$ 的椭圆，然后选择"复制"命令，沿"Y 轴"向前移动 42，向后移动 6。执行"直线"命令，绘制中间圆的切线，并复制向前移动 12。执行"修剪""删除"命令，去掉多余的线条，如图 4-16 所示。

⑤ 绘制中间肋板。分别选择"直线""复制""修剪""删除"等命令，按照任务图形中的尺寸，以地板中间为参考点，完成所给任务，如图 4-17 所示。

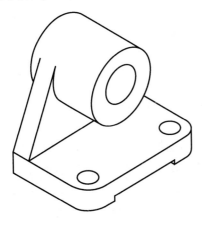
图 4-16 执行命令后的图形

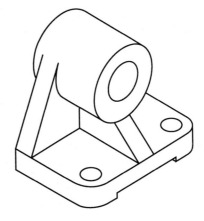
图 4-17 完成后的图形

小　　结

本章主要介绍了绘制"正等轴测图"的方法。主要是设置和切换绘图环境，用户一定要灵活掌握这些命令，合理运用对象捕捉、极轴追踪功能，以提高绘图效率。

第五章　机件的常用表达方法

在生产实践中，机件的结构形状往往是多种多样的，仅用前文所述的三视图往往不能将它们的内外形状表达清楚。为此，国家标准规定了视图、剖视图和断面图等基本表示方法。熟悉并掌握这些基本表示法，就可以根据不同机件的结构特点，从中选取适当的表示法，从而准确、完整、清晰地表达各种机件的内外部结构。

本章将对一些机械零件的常用表达方法做概要介绍。

第一节　视　图

视图是用正投影法将物体向投影面投射所得的图形，一般用来表达物体的外部结构形状。应用粗实线画出物体的可见轮廓，必要时还可用细虚线画出物体的不可见轮廓。视图通常有基本视图、向视图、局部视图和斜视图，其画法要遵循《技术制图 图样画法 视图》(GB/T 17451—1998)和《机械制图标准》(GB/T 44581—2002)的规定。

一、基本视图

1. 基本视图的名称和位置关系

物体在基本投影面上的投影称为基本视图。

基本投影面是在前述三个投影面的基础上，再增加三个投影面所组成的，这六个面在空间构成一个正六面体，如图 5-1(a)所示。将机件放在正六面体中，由前、后、左、右、上、下六个方向分别投射，展开时，规定正面不动，其他投影图按图 5-1(b)所示的箭头方向展开至与正面处于同一平面上，即得到六个基本视图，即主视图、俯视图、左视图、右视图、仰视图和后视图，如图 5-1(c)所示。

① 主视图：自前方投射所得的视图。
② 俯视图：自上方投射所得的视图。
③ 左视图：自左方投射所得的视图。
④ 右视图：自右方投射所得的视图。
⑤ 仰视图：自下方投射所得的视图。
⑥ 后视图：自后向前投射所得的视图。

将六个基本视图按图 5-1(c)所示的位置关系配置在同一张图纸上时，一律不标注视图的名称。

2. 基本视图的投影规律

六个基本视图之间仍保持"长对正、宽相等、高平齐"的投影关系。

实际绘图时，主视图应尽量反映物体的主要特征。主视图确定后，可根据实际情况，选用其他视图，在完整、清晰地表达物体特征的前提下，使视图数量最少，力求制图简便。

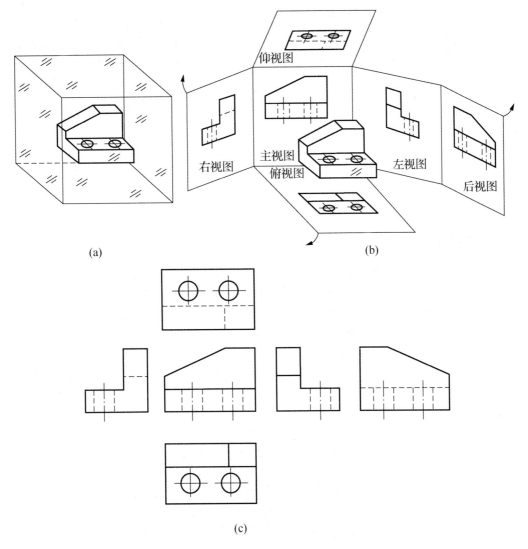

(a)

(b)

(c)

图 5-1　六个基本视图的形成与配置

二、向视图

向视图是可以自由配置的视图。当基本视图不能按投影关系配置时，可将其画在适当位置，这种图称为向视图。它是基本视图的另一种表达形式，根据需要，允许用户从以下两种表达方式中选择一种。

①　在向视图上方用大写拉丁字母标注 *A*、*B*、*C*、…，在相应视图的附近用箭头指明投射方向，并标注相同的字母，如图 5-2(a)所示。

②　在视图上方(或下方)标注图名。标注图名各视图的位置，应根据需要和可能按相应的规则布置，如图 5-2(b)所示。

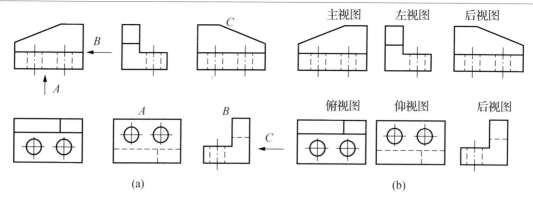

图 5-2　向视图

三、局部视图

将机件的某一部分向基本投影面投射所得的视图称为局部视图。如图 5-3(a)所示，选用主、俯两个基本视图后，尚有左、右两边凸台的结构形状没有表示清楚，如果再选用左、右两个基本视图将它们表达出来，显然对其他结构来说是重复表达，而用局部视图表示两边的凸台，则更能突出要表达的重点，而且图面简洁。

画局部视图时应注意以下几点。

① 局部视图的断裂边界以波浪线表示，如图 5-3(b)所示的 B 向局部视图。如果当所表达部分的结构是完整的，其图形的外轮廓线封闭，那么波浪线可省略不画，如图 5-3(b)所示的 A 向局部视图。

② 局部视图可按基本视图的配置形式配置，如图 5-3(b)所示的 B 向局部视图，此时可省略标注，也可按向视图的配置形式配置并标注，如图 5-3(b)所示的 B 向局部视图。

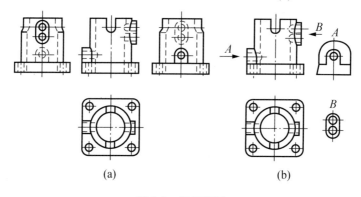

图 5-3　局部视图

四、斜视图

将机件向不平行于基本投影面的平面投射所得的视图，称为斜视图。图 5-4(a)所示的机件，其倾斜部分在俯视图和左视图上均得不到实形投影。这时，可设立一个与该倾斜部分平行且与正投影面垂直的新的投影面，将该倾斜部分向这个投影面进行投射，以反映倾斜部分的实形，如图 5-4(b)所示。

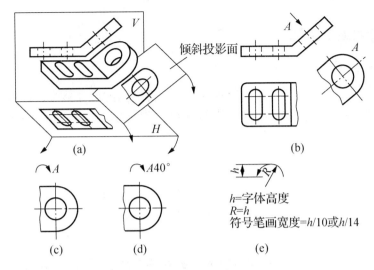

图 5-4　斜视图的形成与画法

① 斜视图用于表达机件倾斜结构的外形，画出倾斜结构的实形后，其余部分不必画出，用波浪线或双折线断开。

② 斜视图的配置和标注一般按向视图相关的规定，用带字母的箭头指明投射方向，并在斜视图上方标注相应的字母。必要时，允许将斜视图旋转配置，此时应加注旋转符号，表示斜视图名称的大写拉丁字母应靠近旋转符号的箭头端，如图 5-4(c)所示。也允许将旋转角度标注在字母之后，如图 5-4(d)所示。图 5-4(e)所示为旋转符号的尺寸和比例。

第二节　剖　视　图

视图主要表达机件的外部形状，当机件的内部结构比较复杂时，在视图中就会出现很多虚线，如图 5-5(a)所示，这会给识图带来困难，也不便于标注尺寸。为了清晰地表达机件的内部结构，常采用"剖视"的表达方法。剖视图的画法要遵循《技术制图　图样画法　视图》(GB/T 17451—1998)和《机械制图标准》(GB/T 4458.1—2002)的规定。

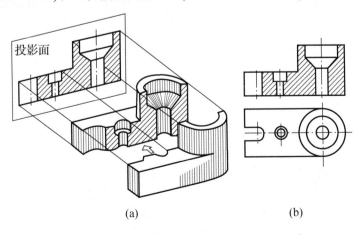

图 5-5　剖视图

一、剖视图的基本概念

1. 剖视图的形成

假想用剖切面剖开机件，将处在观察者和剖切面之间的部分移去，而将其余部分向投影面投射所得的图形，称为剖视图，简称剖视。剖视图的形成过程如图 5-5(a)所示。图 5-5(b)所示的主视图即为机件的剖视图。

2. 剖面符号

机件被假想剖开后，机件与剖切面接触的剖面图形(即剖面区域)上要画出与材料相应的剖面符号，以区别机件的实体与空心部分，如图 5-5(b)所示的主视图。国家标准规定的剖面符号如表 5-1 所示。

表 5-1　国家标准规定的剖面符号

材料名称	剖面符号	材料名称	剖面符号
金属材料 (已有规定剖面符号者除外)	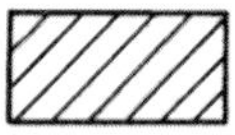	基础周围的泥土	
非金属材料 (已有规定剖面符号者除外)		混凝土	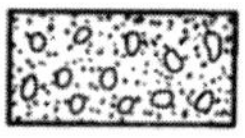
型砂、粉末冶金、陶瓷、硬质合金等	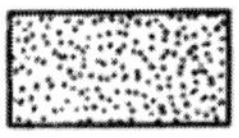	钢筋混凝土	
线圈绕组元件	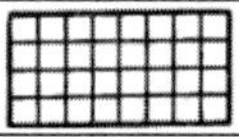	砖	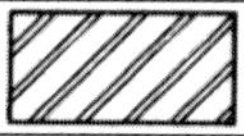
转子、变压器等的叠钢片	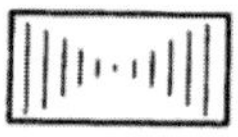	玻璃及其他透明材料	
木质胶合板		格网 (筛网、过滤网等)	
木材　纵剖面		液体	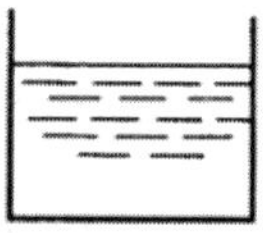
木材　横剖面	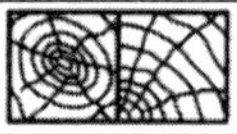		

在机械设计中，用金属材料制作的零件最多。为了便于画图，国家标准规定，表示金属材料的剖面符号是最简明易画的平行细实线。这种剖面符号称为剖面线。《技术制图图样画法 剖面区域的表示法》(GB/T 17453—2005)中将此符号称为通用剖面线。

绘制剖面线时，同一机件各个视图中的剖面线方向相同、间隔相等。剖面线的方向应与主要轮廓线或剖面区域的对称线成45°(见图 5-5)。当图形中的主要轮廓线与水平面成 45°时，应将该图形的剖面线画成与水平面成 30°或 60°的平行线，但其倾斜方向应与其他图形的剖线方向一致，如图 5-6 所示。剖面线的间隔应按剖面区域的大小选定。

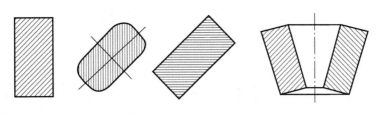

图 5-6　通用剖面线

3. 剖视图的画法

(1) 剖视图是假想将机件剖开后画出的。因此，除剖视图外，其他视图仍需完整画出。

(2) 确定剖切面的位置。画剖视图时，首先要考虑在什么位置剖开机件。为了能确切地表达机件内部的真实形状，避免剖切后产生不完整要素，剖切面一般应通过机件内部的孔、槽的轴或对称平面，并平行于相应的投影面，如图 5-5(a)所示。

(3) 画剖视图。凡剖切面与机件的接触部分剖面区域的边界线，以及剖切面后面的可见轮廓线，都要用粗实线绘出，如图 5-5(b)所示。应该特别注意，这里的剖切是假想的，在某一视图上作剖视后，不影响其他视图的画法，图 5-7 中所示的画法是错误的。

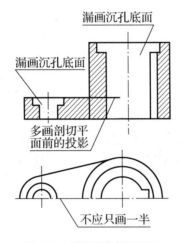

图 5-7　剖视图的错误画法

(4) 剖视图中已表达清楚的内部结构，在其他视图上为图 5-7 所示剖视图中的错误画法——虚线不必画出。没有表达清楚的结构，可以在剖视图或其他视图中用虚线画出，如图 5-8 所示。

(5) 在剖面区域内画剖面线。

4. 剖视图的配置与标注

为了便于找出剖切位置和判断投影的关系，应对剖视图进行标注，如图 5-9 所示。

画剖视图时应首先考虑它在基本视图的位置，如图 5-9 所示的 $A—A$ 剖视图，也可按投影关系配置在相应的位置上。必要时才考虑配置在其他适当位置，如图 5-9 所示的 $B—B$ 剖视图。

(1) 为了便于读图，一般应用规定的剖切符号、剖切线及大写拉丁字母表示剖切面的剖切位置、剖切后的投射方向和剖视图的名称。在剖视图的上方用 X—X 标注剖视图名称，并在剖切面起、讫和转折处的外侧标注相同的拉丁字母，字母一律水平书写。

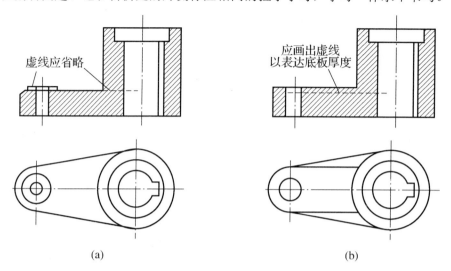

图 5-8　剖视图上的虚线

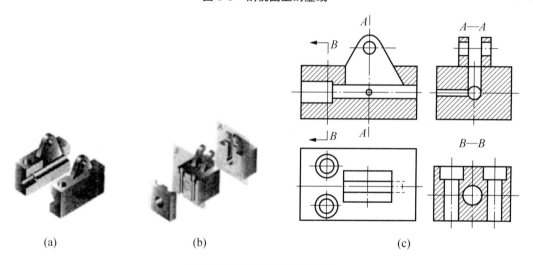

图 5-9　剖视图的配置与标注

(2)　剖切符号用断开的粗短线，线宽为 $(1 \sim 1.5 \, \text{mm})d$($d$ 为粗实线的宽度)，长约为 5 mm。表示剖切面起、讫和转折位置(用粗短线表示)及投射方向(用箭头表示)的符号如图 5-9(c)所示。为了不影响图形的清晰度，剖切符号应避免与图形的轮廓线相交。

在下列情况下，剖视图可省略标注。

(1)　当剖视图按投影关系配置，且中间没有其他图形隔开时，可省略标注投影方向，如图 5-9 所示的 A—A 剖视图。

(2)　当单一剖切平面通过机件的对称平面或基本对称平面，且剖视图按投影关系配置，中间又没有其他图形隔开时，可省略标注，如图 5-5 和图 5-8 所示。

二、剖视图的种类及应用

根据剖视图的剖切范围，剖视图可分为全剖视图、半剖视图和局部剖视图。前文所述剖视图的画法和标注，对剖视图都适用。

1. 全剖视图

用剖切平面完全地剖开机件所得的剖视图称为全剖视图，适用于表达外形比较简单，而内部结构较复杂且不对称的部件，如图 5-5～图 5-9 所示。

2. 半剖视图

当机件具有对称平面时，向垂直于对称平面的投影面投射所得的图形。可以对称中心线为界，一半画成剖视图，另一半画成视图，这种由半个视图和半个剖视图组成的图形称为半剖视图，如图 5-10 所示。

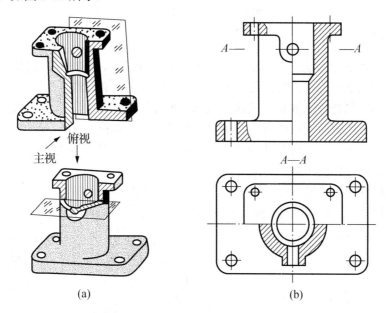

(a)　　　　　　　　　　　　(b)

图 5-10　半剖视图

画半剖视图应注意以下几点。

(1) 在半剖视图中，剖视图与视图的分界线应是细点画线，不能是其他任何图线。如果该处有轮廓线，则不能采用半剖视图。

(2) 机件内部形状已在半剖视图中表达清楚，在另一半表达外形的视图中一般不再画细虚线，但孔或槽应画出中心线或轴线位置，如图 5-11 所示。

(3) 半剖视图一般用于内、外形都比较复杂，且具有对称平面的机件。当机件的形状接近于对称，且不对称部分已另有图形表达清楚时，也可以画成半剖视图。

(4) 半剖视图的标注与全剖视图相同，如图 5-10(b)所示的主视图完全省略标注，俯视图省略了箭头的标注。

把半个视图和半个剖视图合画在一起

分界线是点画线

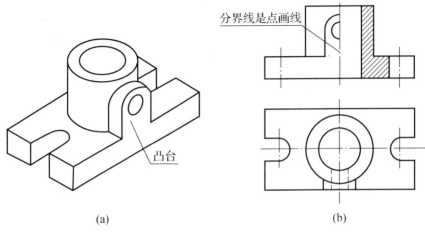

凸台

(a)   (b)

图 5-11　半剖视图的画法

3. 局部剖视图

局部剖视图是用剖切面局部地剖开机件所得的剖视图。局部剖视图的标注与全剖视图相同，当用单一剖切平面且剖切位置明确时，局部剖视图不必标注。

局部剖视图的剖切位置和剖切范围根据需要而定，是一种比较灵活的表达方法，运用得当，可使图形表达得简洁而清晰。局部剖视图通常用于下列情况。

(1) 不对称机件的内、外形状均需要表达，或者只有局部结构的内形需剖切表示，而又不宜采用全剖视，如图 5-12 所示。

(2) 对称机件的轮廓线与中心线重合，不宜采用半剖视，如图 5-13 所示。

(3) 实心机件(如轴、杆等)上面的孔或槽等局部结构，需剖开表达，如图 5-14 所示。

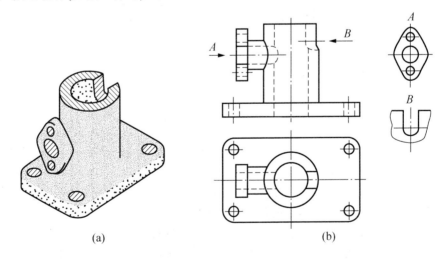

(a)   (b)

图 5-12　局部剖视图(一)

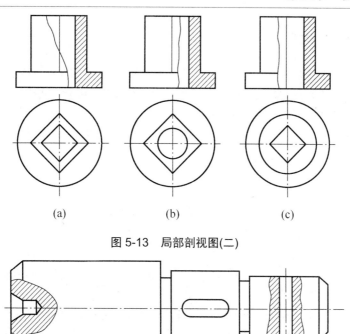

图 5-13　局部剖视图(二)

图 5-14　局部剖视图(三)

画局部剖视图时应注意以下两点。

(1) 局部剖视图中剖开与未剖部分投影的分界线画成波浪线，可看成剖切机件断裂面的投影，故波浪线应画在机件实体上，不能超出实体的轮廓线，也不能画在机件的中空处，如图 5-15 所示。

(2) 波浪线不应画在轮廓线的延长线上，也不能用轮廓线代替或与图样上其他图线重合，如图 5-16 所示。

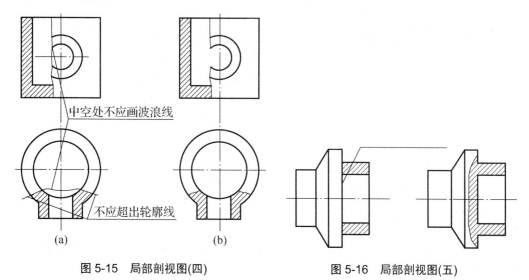

图 5-15　局部剖视图(四)　　　　图 5-16　局部剖视图(五)

为了使计算机绘图方便，局部剖视图的剖切范围也可以用双折线代替波浪线分界。

三、剖切面的选择

机件的内部结构复杂多变，仅用一个剖切平面仍不能将机件的内部结构表达清楚。为适应各种机件不同内部结构的需要，可以选用不同数量、位置、形状的剖切面来剖切物体。为此，国标规定根据机件的结构特点，可以选择单一剖切面、几个平行的剖切平面、几个相交的剖切面。这三种剖切方法，根据需要可画成全剖视图、半剖视图和局部剖视图。

1. 单一剖切面

当机件的内部结构位于一个剖切面上时，可选用单一剖切面。单一剖切面包括单一的剖切平面和柱面，应用最多的是单一剖切平面。

单一剖切平面一般为投影面平行面(称正剖切平面，其中"正"字可省略)和投影面直面(称斜剖切平面)两种剖切平面。前文介绍的全剖视图、半剖视图和局部剖视图的例子都是采用单一剖切面中的投影面、平行面剖开机件的，因此这种方法应用最为普遍。

当机件需要表达具有倾斜结构的内部形状时，如图 5-17(a)所示，如果采用平行于基本投影面的剖切平面剖切，将不能反映倾斜结构内部的实形。这时，可以用一个斜剖切平面剖开机件再投射到与剖切平面平行的投影面上，即可得到该部分内部结构的实形，如图 5-17 中的 A—A 剖视图。

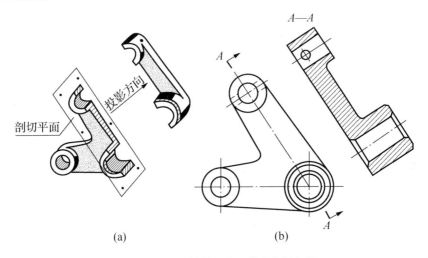

图 5-17   单一斜剖切平面获得的剖视图

用单一斜剖切平面的方法画剖视图时，应注意以下两点。

(1) 采用这种剖视图必须标注，标注方法如图 5-17 所示，不可省略。剖视图最好按投影关系配置，以保持直接的投影关系，如图 5-18 中的 B—B 所示。必要时，可配置在图纸的其他适当位置。

(2) 在不致引起误解时，也可将图形旋转画出，这时应加注旋转符号，如图 5-18 中的 B—B 所示。

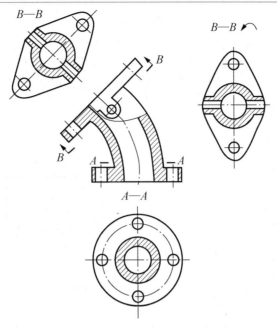

图 5-18 配置与标注

2. 几个平行的剖切平面

当机件的内部结构位于几个平行平面上时，可采用几个平行的剖切平面来剖切。

如图 5-19(a)所示，机件上几个孔的轴线不在同一平面内，如果用一个剖切平面剖切，不能将内部形状全部表达出来。为此，采用两个互相平行的剖切平面沿不同位置孔的轴线剖切，就能在一个剖视图上把几个孔的形状表达清楚。

这种剖视图必须标注，标注方法如图 5-19(b)所示。当剖视图按投影关系配置，而中间又无其他图形隔开时，可以省略箭头。如果剖切符号的转折处位置有限，可省略字母。

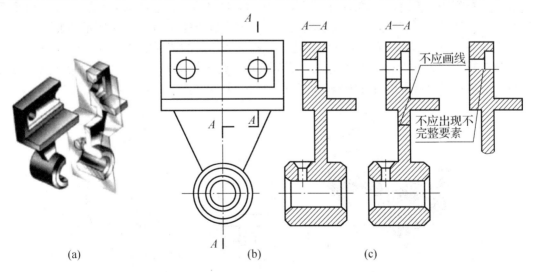

图 5-19 两个平行的剖切平面剖切

采用这种剖切平面画剖视图时应注意以下几点。

① 两个剖切平面的转折处不应画出轮廓线。

② 剖切平面的转折处不应与图形中的轮廓线重合。

③ 要恰当地选择剖切位置，避免在剖视图上出现不完整的要素。

④ 当两个要素在图形上具有公共对称中心线或轴线时，可以对称中心线为界，各画一半，如图 5-20 和图 5-21 所示。

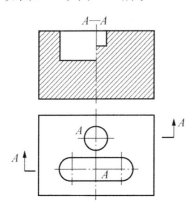

图 5-20　几个平行的平面剖切

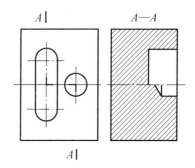

图 5-21　错开几个平行的平面剖切

3. 几个相交的剖切平面

当机件的内部结构形状较复杂时，可采用两个或两个以上相交的剖切面(交线垂直于某一投影面)剖切，如图 5-22～图 5-24 所示。

这种剖视图必须标注，标注方法如图 5-22 所示。当剖视图按投影关系配置，而中间又无其他图形隔开时，可省略箭头。如剖切符号转折处位置有限，可省略字母。

在使用这种剖切面剖切时应注意以下几点。

(1) 与基本投影面不平行的剖切面应该在剖切后将其旋转到与基本投影面平行再进行投射，旋转剖切平面时，只将与剖切平面剖开的结构及有关部分旋转到与选定的投影面平行再进行投射，在剖切平面后的其他结构仍按原来位置投射，如图 5-23 所示的油孔。

(2) 当剖切后产生不完整要素时，应将此部分按不剖的情况绘制，如图 5-24 所示。

图 5-25、图 5-26 所示的剖切方法，实际上是用几个相交的剖切平面获得剖视图。运用这种方法画剖视图可采用展开画法，此时在剖视图上方位置标注如 "A—A" 展开。

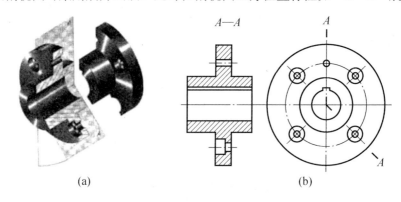

(a)　　　　　　　　　　　　　　(b)

图 5-22　两个相交的平面剖切(一)

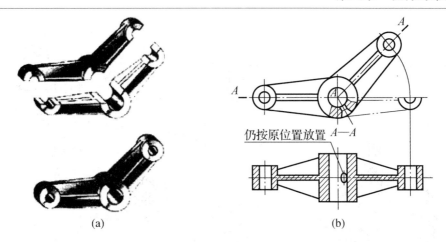

(a)　　　　　　　　　　　　　　(b)

图 5-23　两个相交的平面剖切(二)

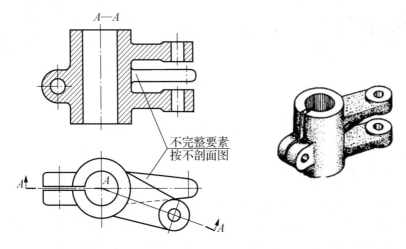

图 5-24　两个相交的平面剖切(三)

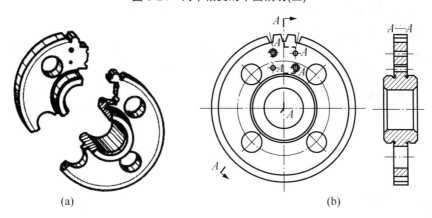

(a)　　　　　　　　　　　　　　(b)

图 5-25　几个相交的平面剖切

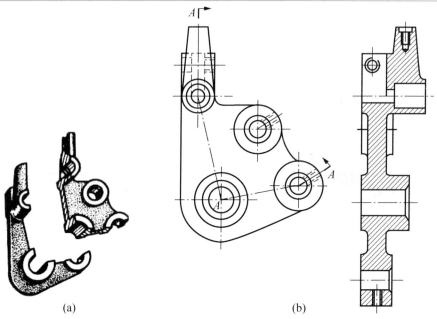

图 5-26　展开绘制的剖视图

第三节　断　面　图

一、断面图的概念及种类

　　假想用剖切平面将机件的某处切断，仅画出该剖切面与机件接触部分的图形，称为断面图，简称断面。如图 5-27(a)所示的小轴，为了将轴上的键槽表达清楚，假想用一个垂直于轴线的剖切平面在键槽处将轴切断，只画出断面的图形，并画上剖面符号，即为断面图，如图 5-27(b)所示。

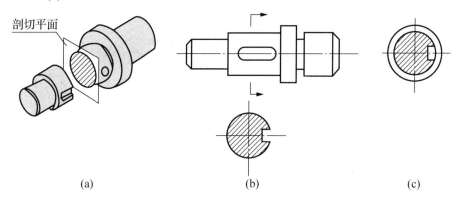

图 5-27　断面图的形成

　　断面图与剖视图的区别：断面图只画机件被剖切后断面的形状，而剖视图除了画出断面形状外，还必须画出机件上位于剖切平面后的形状，如图 5-27(c)所示。断面图的画法应遵循《技术制图 图样画法 视图》(GB/T 17451—1998)、《机械制图 图样画法 剖视图和断面图》(GB/T 4458.6—2002)的相关规定。

根据断面图配置位置不同,断面图可分为移出断面图和重合断面图两种。

二、移出断面图

画在视图之外的断面图称为移出断面图,图 5-27 所示的断面图就属于移出断面图。

移出断面图的画法如下。

(1) 移出断面图的轮廓线用粗实线绘制。

(2) 移出断面应尽量画在剖切位置的延长线上,如图 5-27(b)和图 5-28 所示。若断面图形对称,也可画在视图的中断处,此时视图应用波浪线(或双折线)断开。另外,也可按投影关系配置,如图 5-28(c)所示。

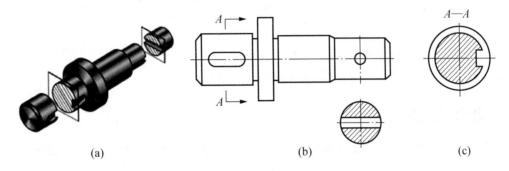

(a)　　　　　　　　　(b)　　　　　　　　　(c)

图 5-28　断面图的一般配置

当剖切平面通过回转表面的孔或凹坑的轴线时,这些结构按剖视图要求绘制,如图 5-29(a)、图 5-30(c)和图 5-30(d)所示。

当剖切平面通过非圆孔,导致出现完全分离的两个断面时,这些结构应按剖视图绘制,如图 5-31 所示。

剖切平面应与被剖切部分的主要轮廓线垂直。由两个或多个相交的剖切平面剖切得出的移出断面图,中间一般应断开。

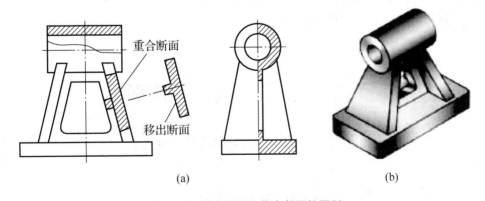

(a)　　　　　　　　　　　　　　(b)

图 5-29　重合断面和移出断面的区别

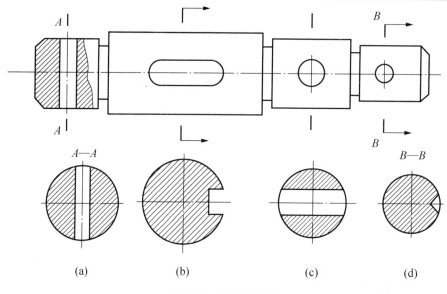

图 5-30　移出断面图

三、重合断面图

画在视图轮廓线之内的断面图称为重合断面图。重合断面与移出断面的区别如图 5-29 所示。

1. 重合断面图的画法

(1)　重合断面图的轮廓线用细实线绘制。

(2)　当视图中轮廓线与重合断面图的图形重合时，视图中的轮廓线仍应连续画出，不可间断。

2. 重合断面图的标注

对称的重合断面图不必标注；不对称的重合断面应该标注剖切位置符号及箭头，在不致引起误解时可省略标注，如图 5-31 所示。

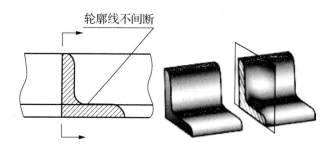

图 5-31　不对称的重合断面图

第四节　其他表达方法

一、局部放大图

当机件上某些局部细小结构在视图上表达不够清楚或不便于标注尺寸时，可将该部分结构用大于原图所采用的比例画出，这种图形称为局部放大图。局部放大图可画成视图，也可画成剖视图或断面图，它与被放大部分的表达方式无关。局部放大图应尽量配置在被放大部位的附近，必要时可用几个图形来表达一同被放大部分的结构。

画局部放大图时应注意以下两点。

(1) 应用细实线在原图中圈出被放大的部位。

(2) 当同一机件上有几处被放大部分时，应用罗马数字依次标明被放大的部位，并在局部放大图的上方标注出相应的罗马数字和所采用的比例。罗马数字与比例之间的横线用细实线绘出，如图 5-32 所示。当机件上被放大部分仅有一处时，在局部放大图的上方只需注明所采用的比例，如图 5-33 所示。

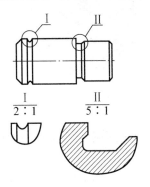

图 5-32 局部放大图(一)

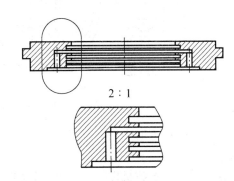

图 5-33　局部放大图(二)

特别要注意的是，局部放大图上标注的比例是指放大的图形与机件实物要素的线性尺寸之比，而不是与原图形之比。另外，同一机件上不同部位的局部放大图，当图形相同或对称时，只需画出一个。

二、规定画法和简化画法

在不致引起误解和产生理解多义性的前提下，力求制图简便，国家标准《技术制图》和《机械制图》还规定了一些简化画法和规定画法。

(1) 对于机件上的肋、轮辐等结构，当沿其纵向剖切时，不画剖面符号，仅用粗实线将其与相邻部分分开。若横向剖切，要画剖面符号，如图 5-34 和图 5-35 所示。

(2) 机件上均匀分布的肋、轮辐、孔等结构，当其不在剖切平面上时，可将这些结构旋转到剖切平面上画出，如图 5-36 所示。

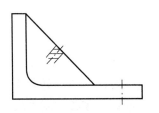

图 5-34　图肋板的剖切(一)

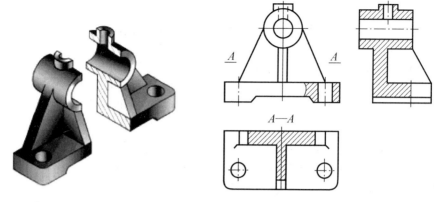

图 5-35　图肋板的剖切(二)

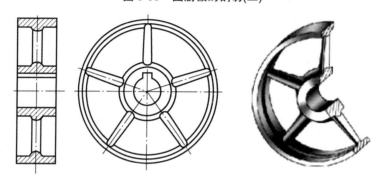

图 5-36　图肋板的剖切(三)

(3)　当机件上的平面在视图中不能充分表达时，可采用平面符号(两条相交的细实线)表示。

(4)　对于较长的机件(如轴、杆或型材等)，当沿长度方向的形状一致或按一定规律变化时，可将其中部用波浪线断开缩短绘出，但尺寸仍要按机件的实际长度标注。

(5)　机件上具有多个相同结构要素(如孔、槽、齿等)并按一定规律分布时，只需画出几个完整的结构，其余用细实线连接，或画出它们的中心线，但在图中应注明它们的总数。

(6)　对称机件的视图可只画 1/2 或 1/4，并在对称中心线的两端画出两条与其垂直的细实线。

第五节　绘制组合体剖视图

知识目标

(1)　掌握"样条曲线"命令及其编辑方法。

(2)　掌握"多段线"命令及其编辑方法。

(3)　掌握"修订云线"命令。

(4)　掌握"打断"和"打断于点"命令。

能力目标

通过剖视图的绘制，具备利用 AutoCAD 相关命令绘制剖视图中的剖切位置、剖切方向、局部剖切处的线条、剖面线的能力。

一、工作任务

绘制剖视图，如图 5-37 所示，利用绘图辅助功能(如对象捕捉、极轴追踪等)、"样条曲线"和"多段线"及其编辑命令，按照三视图的投影规律绘制，并填充图案，最后利用"删除"和"修剪"命令整理图形，无须标注尺寸。

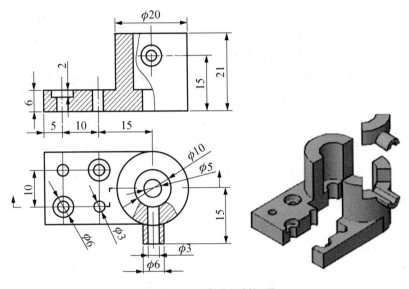

图 5-37 组合体的剖视图

二、相关知识

(一)样条曲线及其编辑

1. 功能

样条曲线是通过一系列给定的点生成的光滑曲线。样条曲线在工程绘图中应用非常广泛，在机械图样的绘制过程中，局部剖视图中的波浪线及形体断开处的断开线一般都是利用"样条曲线"命令画出的。和拟合曲线相比，样条曲线具有更高的精度，占用的内存和磁盘空间也更多。

2. 调用命令的方法

① 绘图工具栏：单击"样条曲线"按钮 ~ 。

② 命令：输入 SPLINE，按回车键。

③ 菜单：执行"绘图"→"样条曲线"命令。

3. 操作步骤

```
命令: _spline
指定第一个点或 [对象(O)]:                            *指定样条曲线的第一点*
指定下一点: *  指定样条曲线的第二点
指定下一点或 [闭合(C)/拟合公差(F)] <起点切向>:        *指定样条曲线的第三点*
指定下一点或 [闭合(C)/拟合公差(F)] <起点切向>:        *按回车键，结束点的选择*
指定起点切向:                                        *指定样条曲线起点切向*
指定端点切向>:                                       *指定样条曲线终点切向*
```

4. 命令行中有关说明及提示

① 起点切向：按回车键，AutoCAD 提示用户确定始末点的切向，然后结束该命令。

② 闭合(C)：使样条曲线起始点、结束点重合，共享相同的顶点和切向。

③ 拟合公差(F)：控制样条曲线对数据点的接近程度，拟合公差大小对当前图形单元有效。公差越小，样条曲线就越接近数据点，如为 0，表明样条曲线精确通过数据点。

④ 放弃(U)：该选项不在提示区中出现，但用户可在选取任何点后按 U 键再按回车键，以取消前一段。

5. 样条曲线的编辑

选择菜单"修改"→"对象"→"样条曲线"命令，并进行有关编辑。

(二)多段线及其编辑

1. 功能

多段线是 AutoCAD 最常用且功能较强的实体之一，它是由一系列首尾相连的直线和圆弧组成的一个独立的对象，可以设置宽度、绘制封闭区域，因此多段线可以替代一些 AutoCAD 实体，如直线、圆弧、实心体等。它与直线实体相比，有两个优点：一是灵活，它可直可曲；二是宽度可以自定义，可宽可窄，可以宽度一致，也可以有粗细变化。

整条多段线是一个单一实体，便于编辑。Pline 命令可以画两种基本线段——直线和圆弧，所以 Pline 命令的一些提示类似于直线和弧线命令的提示。

2. 调用命令的方法

① 绘图工具栏：单击"多段线"按钮。

② 命令：输入 PLINE 或 PL，按回车键。

③ 菜单：执行"绘图"→"多段线"命令。

3. 操作步骤

```
命令: _pline
指定起点:                                              *指定起点*
当前线宽为 0.0000                                      *系统默认线宽*
指定下一个点或 [圆弧(A)/半宽(H)/长度(L)/放弃(U)/宽度(W)]: A回车*选择圆弧命令*
指定圆弧的端点或[角度(A)/圆心(CE)/方向(D)/半宽(H)/直线(L)/半径(R)/第二个点(S)/放
弃(U)/宽度(W)]:                                       *圆弧的端点，默认绘制直线*
```

4. 命令行中有关说明及提示

① 指定下一点：输入值为直线，输入 A 并按回车键，转为圆弧，新画弧过前一段线的终点，并与前一段线(圆弧或直线)在连接点处相切。

② 角度(A)：提示用户给定包络角。

③ 中心点(CE)：提示圆弧中心。

④ 闭合(CL)：用圆弧封闭多段线，并退出 Pline 命令。

⑤ 半宽(H) 和宽度(W)：设置多段线的半宽和全宽。

⑥ 方向(D)：提示用户重定切线方向。

⑦ 直线(L)：切换回直线模式。

⑧ 半径(R)：提示输入圆弧半径。

⑨ 放弃(U)：取消上一次的操作。

⑩ 第二点(S)：选择三点圆弧中的第二点。

5. 多段线的编辑

编辑多段线命令时，用户可以执行菜单"修改"→"对象"→"多段线"命令，即可进行相关编辑。PEDIT 命令有以下主要功能。

(1) 移动、增加或删除多段线的顶点。

(2) 为整个多段线设定统一的宽度值或分别控制各段的宽度。

(3) 用样条曲线或双圆弧曲线拟合多段线。

(4) 将开式多段线闭合或使闭合多段线变为开式。

(三)修订云线

1. 功能

利用修订云线，用户可以徒手绘制图形、轮廓线、地图的边界及签名。

2. 调用命令的方法

① 绘图工具栏：单击"修订云线"按钮 。

② 命令：输入 REVCLOUD，按回车键。

③ 菜单：执行"绘图"→"修订云线"命令。

3. 操作步骤

```
命令： _revcloud
最小弧长： 15    最大弧长： 15    样式： 普通              *默认弧长与样式*
指定起点或 [弧长(A)/对象(O)/样式(S)] <对象>：                  *指定起点*
沿云线路径引导十字光标...          * 指定云线路径，直至右击鼠标，结束路径的选择*
反转方向 [是(Y)/否(N)] <否>：回车                    *系统默认反转方向为否*
修订云线完成                                    *云线闭合即完成绘制*
```

(四)打断命令

1. 功能

在绘图过程中，若需要将某实体(直线、圆弧、圆等) 部分删除或断开为两个实体，可

以使用打断命令。

将选中的对象(直线、圆弧、圆等)在指定两点间的部分删除，或将一个对象切断成两个具有同一端点的实体。下面举例说明打断命令的使用方法。

2. 调用命令的方法

① 绘图工具栏：单击"打断"按钮 ▢。
② 命令：输入 BREAK，按回车键。
③ 菜单：执行"修改"→"打断"命令。

3. 操作步骤

命令：_break 选择对象：   *指定要打断的对象，同时也指定了第一个打断点*
指定第二个打断点 或 [第一点(F)]：   *指定第二个打断点 *

(五)打断于点

请读者自己分析，以便检验自学能力。

(六)图案填充与编辑

1. 功能

图案填充可用于对封闭图形填充图案，以区分图形的不同部分，指出剖面图中的不同材质。

2. 调用命令的方法

① 绘图工具栏：单击"图案填充"按钮 ▨。
② 命令：输入 BHATCH，按回车键。
③ 菜单：执行"绘图"→"图案填充"命令。

3. 操作步骤

以任意一种方式启动命令后，系统弹出"图案填充和渐变色"对话框。根据需要进行设置。

命令：_bhatch
拾取内部点或 [选择对象(S)/删除边界(B)]：正在选择所有对象... *用鼠标指定内部填充区域*
正在选择所有可见对象…
正在分析所选数据…
正在分析内部孤岛…
拾取内部点或 [选择对象(S)/删除边界(B)]：   *回车，表示结束，这时的对话框又重新出现，单击"确定"按钮*

4. "边界图案填充"对话框的主要选项

(1) 类型。
设置图案类型。在其下拉列表中，"预定义"为用 AutoCAD 的标准填充图案文件中的图案进行填充；"用户定义"为以用户自定义的图案进行填充；"自定义"表示选用 ACAD.PAT 图案文件或其他图案文件。

(2) 图案。

确定填充图案的样式。单击下拉箭头，出现填充图案样式名的下拉列表选项，用户可选择一种填充图案。

单击下拉列表框右边的 button 按钮，出现"填充图案调色板"对话框，显示系统提供的填充图案。用户选中图案名或者图案图标后，单击"确定"按钮，该图案即设置为系统的默认值。机械制图中常用的剖面线图案为 ANSI31。

(3) 样例。

显示所选填充对象的图形。

(4) 角度。

设置图案的旋转角，系统默认值为 0。机械制图规定剖面线倾角为 45°或 135°，特殊情况下可使用 30°和 60°。若选用图案 ANSI31，剖面线倾角为 45°时，设置该值为 0°；倾角为 135°时，设置该值为 90°。

(5) 比例。

设置图案中线的间距，以保证剖面线有适当的疏密程度。系统默认值为 1。

(6) 拾取点。

提示用户选取填充边界内的任意一点。注意该边界必须封闭。

(7) 选择对象。

提示用户选取一系列构成边界的对象，使系统获得填充边界。

(8) 预览。

预览图案填充效果。

(9) 确定。

结束填充命令操作，按用户指定的方式进行图案填充。

三、任务实施

第一步　设置图形界限。

第二步　创建图层。

第三步　设置对象捕捉(前三步的操作方法，这里不再赘述)。

第四步　布图。

打开中心线层，运用直线命令绘制图中的主要中心线。这一步应注意中心线的位置要考虑给尺寸标注留出空间。

第五步　画机件的主、俯视图。

画出主、俯视图，其中的波浪线用样条曲线绘制，如图 5-38 所示。

第六步　画剖面线。方法和步骤如下。

① 启动"图案填充"命令。

② 打开"图案填充和渐变色"对话框，在"图案填充"选项卡中，选取"类型"为"预定义"，"图案"为 ANSI31，"角度"为 0°，"比例"为 2。

第七步　剖切符号。

俯视图中的剖切符号用"多段线"绘制，方法和步骤如下。

命令: _pline
指定起点: *指定第一点*
当前线宽为 0.0000   *默认线宽为 0*
指定下一个点或 [圆弧 (A)/半宽 (H)/长度 (L)/放弃 (U)/宽度 (W)]: w   *输入 w, 回车, 设箭头宽度*
指定起点宽度 <5.1096>: 0   *输入 0, 回车, 设箭头起点线宽为 0*
指定端点宽度 <0.0000>: 1   *输入 1, 回车, 设箭头终点线宽为 1*
指定下一个点或 [圆弧 (A)/半宽 (H)/长度 (L)/放弃 (U)/宽度 (W)];   *绘制箭头*
指定下一点或 [圆弧 (A)/闭合 (C)/半宽 (H)/长度 (L)/放弃 (U)/宽度 (W)]: w *输入 w 车, 设线宽*
指定起点宽度 <0.3000>: 1   *输入 1, 回车, 设箭头起点线宽为 1*
指定端点宽度 <1.0000>: 0   *输入 0, 回车, 设箭头终点线宽为 0*
指定下点或 [圆弧 (A)/闭合 (C)/半宽 (H)/长度 (L)/放弃 (U)/宽度 (W)]: *指定箭头终点*
指定下点或 [圆弧 (A)/闭合 (C)/半宽 (H)/长度 (L)/放弃 (U)/宽度 (W)]: *回车, 结束命令*

第八步 修改剖切符号。

利用 "打断" 命令, 修改剖切符号。

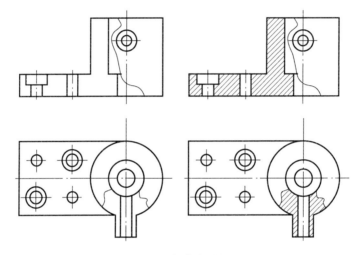

图 5-38 执行命令后的图形

小   结

  本章主要介绍了多段线和样条曲线的使用以及图案填充的方法。工程图样中常用剖视图来表达机件内部结构, 这就必须用样条曲线和图案填充, 所以用户一定要将这些命令灵活掌握, 合理运用对象捕捉功能, 以便提高绘图效率。

第六章 标准件和常用件

在各种机械设备中，广泛应用螺栓、螺钉、螺母、垫圈、键、销、齿轮、弹簧、轴承等通用零部件。这些零部件的使用量大，为便于设计、制造和选用，对于这些零部件的结构、尺寸或某些参数，有的已实行了标准化，如螺栓、螺钉、螺母、垫圈、键、销、滚动轴承等，它们称为标准件。有的只是部分实行了标准化，如齿轮、弹簧等，通常称其为常用件。

本章将分别介绍螺纹、螺纹紧固件、齿轮、键、销、滚动轴承和弹簧的规定画法、代号及标注方法。

第一节 螺 纹

螺纹是在圆柱(锥)表面，沿螺旋线形成的具有相同剖面形状(如等边三角形、正方形、锯齿形等)的连续凸起和沟槽。加工在零件表面的螺纹称为外螺纹，加工在零件内表面(孔)的螺纹称为内螺纹，分别如图 6-1(a)和图 6-1(b)所示。

(a) 外螺纹 (b) 内螺纹

图 6-1 外螺纹和内螺纹

一、螺纹的形成及工艺结构

各种螺纹都是根据螺旋线原理加工而成。圆柱面上一动点绕圆柱轴线做等速转动的同时，又沿圆柱母线做等速直线运动而形成的复合运动轨迹，称为螺旋线，如图 6-2 所示。

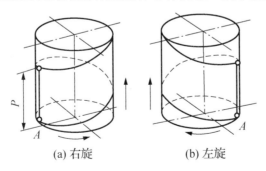

(a) 右旋 (b) 左旋

图 6-2 螺旋线的形成

加工螺纹的方法很多。图 6-3 所示为用车床加工内、外螺纹的示意图，工件做等速旋转运动，刀具沿工件轴向做等速直线移动，其合成运动使切入工件的刀尖在工件表面切制出螺纹。

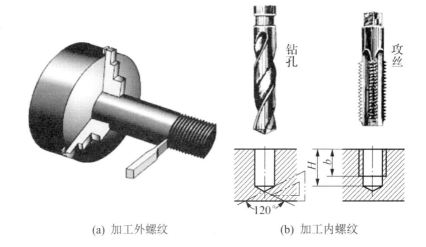

(a) 加工外螺纹 (b) 加工内螺纹

图 6-3 车床加工外、内螺纹示意图

在箱体、底座等零件上制作内螺纹(螺孔)时，一般先用钻头钻孔，再用丝锥在孔的内壁攻出螺纹，如图 6-4 所示。钻孔时，由于钻头端部是锥顶角为 118° 的圆锥面，因此钻孔的底部也形成了与钻头顶部相同的锥面，为 118° 锥坑。为了使画图方便，将此锥顶角按 120° 画出。

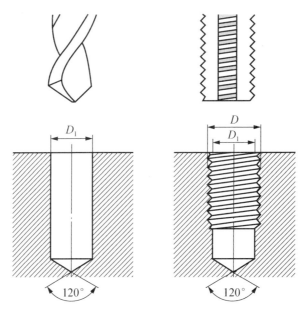

图 6-4 制作螺孔(盲孔)

二、螺纹的基本要素

螺纹的结构和尺寸是由牙型、大径、小径、螺距、导程、线数和旋向等要素确定的。要保证内、外螺纹正常旋合，下列要素必须保持一致。

1. 螺纹牙型

通过螺纹的轴线剖切螺纹时所得到的牙的轴向断面形状称为牙型。常见的螺纹牙型有三角形、梯形、锯齿形、管螺纹等，如图 6-5 所示。

① 三角形螺纹：牙型为三角形(夹角为 60°)，一般起连接作用。

② 梯形螺纹：牙型为等腰梯形(夹角为 30°)，一般用于传递动力。

③ 锯齿形螺纹：牙型为不等腰梯形[其夹角见图 6-5(c)]，用于单向传递动力。

④ 管螺纹：牙型为三角形(夹角为 55°)，用于管路连接中起连接或密封的作用。

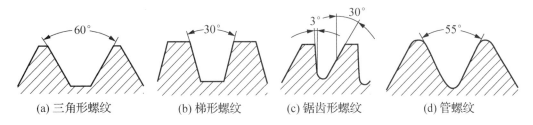

(a) 三角形螺纹   (b) 梯形螺纹   (c) 锯齿形螺纹   (d) 管螺纹

图 6-5 常见的螺纹牙型

2. 螺纹直径

螺纹的直径有大径、中径和小径之分，如图 6-6 所示。

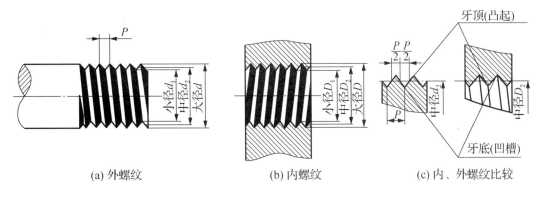

(a) 外螺纹   (b) 内螺纹   (c) 内、外螺纹比较

图 6-6 螺纹的直径

① 螺纹大径(公称直径)：与外螺纹牙顶或内螺纹牙底相切的假想圆柱体的直径，是螺纹的最大直径。外螺纹大径用 d 表示，内螺纹大径用 D 表示。

② 螺纹小径：螺纹小径是指与外螺纹牙底或内螺纹牙顶相切的假想圆柱体的直径，是螺纹的最小直径。外螺纹小径用 d_1 表示，内螺纹小径用 D_1 表示。

③ 螺纹中径：在螺纹大径和小径之间有一假想圆柱，圆柱母线通过牙型上沟槽和凸起宽度相等，则该假想圆柱直径为螺纹中径。外螺纹中径用 d_2 表示，内螺纹中径用 D_2 表示。

3. 线数

在同一圆柱(锥)面上车制螺纹的条数，称为螺纹线数，用 n 表示。螺纹有单线和多线之分：沿一条螺旋线所形成的螺纹称为单线螺纹，沿两条或两条以上且轴向等距分布的螺旋线所形成的螺纹称为多线螺纹，如图 6-7 所示。

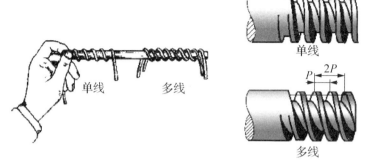

图 6-7　螺纹的线数

4. 导程 P_h 与螺距 P

同一条螺旋线上的相邻两牙在中径线上对应两点间的轴向距离称为导程，以 P_h 表示。相邻两牙在中径线上对应两点间的轴向距离称为螺距，以 P 表示。应注意螺距和导程之间的关系。

多线螺纹：螺距 $P=$导程 P_h /线数 n；单线螺纹：螺距 $P=$导程 P_h。

5. 旋向

螺纹旋向分右旋和左旋两种，如图 6-8 所示。顺时针方向旋转时沿轴向旋入的螺纹是右旋螺纹，其可见螺旋线表现为左低右高的特征。

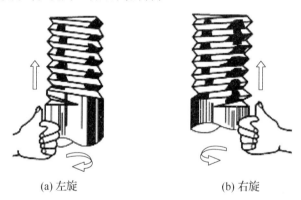

(a) 左旋　　　　　　　　　　　　　(b) 右旋

图 6-8　螺纹旋向

逆时针方向旋转时沿轴向旋入的螺纹称为左旋螺纹，其可见螺旋线具有左高右低的特征。工程上以右旋螺纹应用为多。

螺纹要素的含义：牙型是选择刀具几何形状的依据；外径表示螺纹坐在多大的圆柱表面上，内径决定切削深度；螺距或导程供调配机床齿轮之用；线数确定是否分度；旋向则确定走刀方向。

螺纹还有标准螺纹和非标准螺纹之分。牙型、直径和螺距符合国家标准的螺纹，称为标准螺纹；牙型符合国家标准，但直径或螺距不符合国家标准的螺纹，称为特殊螺纹；牙型不符合国家标准的螺纹，称为非标准螺纹。

三、螺纹的规定画法和标注

国家标准《机械制图　螺纹及螺纹紧固件表示法》(GB/T 4459.1—1995)对螺纹的画法做了明确的规定。

1. 外螺纹的规定画法

外螺纹的大径用粗实线绘制，小径用细实线绘制，螺纹终止线用粗实线绘制。在垂直于螺纹轴线的视图中，表示小径的细实线圆只画 3/4 圈，倒角圆不应画出。当螺纹用视图表示时，螺纹终止线应绘制到外螺纹的大径线；当螺纹用剖视图表示时，螺纹终止线应绘制到小径线，如图 6-9 所示。

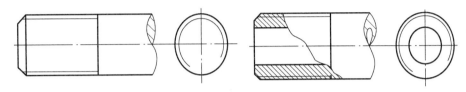

图 6-9　外螺纹的规定画法

2. 内螺纹的规定画法

不论内螺纹牙型如何，在剖视图中，其小径用粗实线绘制，大径用细实线绘制。在垂直于螺纹轴线的视图中，表示大径的细实线圆只画 3/4 圈，倒角圆不应画出，如图 6-10 所示。在剖视图中，螺纹终止线用粗实线绘制，螺纹终止线应绘制到大径线，如图 6-10(a)所示。

当内螺纹不可见时，内螺纹上的所有图线均用虚线绘制，如图 6-10(b)所示。

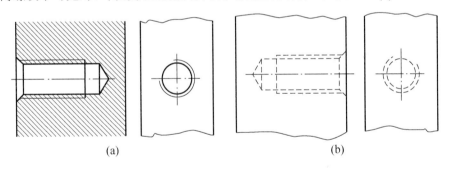

(a)　　　　　　　　　　　　　　　(b)

图 6-10　内螺纹的规定画法

为作图简便，内外螺纹的小径可近似地取大径的 0.85 倍。螺尾部分一般不必画出，当需要表示螺尾时，该部分用与轴线成 30° 的细实线画出。

3. 内、外螺纹连接的规定画法

只有螺纹要素相同的内外螺纹才能连接。在螺纹旋合图中，规定旋合部分按外螺纹绘制，其余部分按各自的规定画法绘制。内外螺纹连接常用剖视图表示，并使剖切平面通过螺杆的轴线。这时，螺杆按未剖切绘制。用剖视图表示螺纹的连接时，其旋合部分按外螺纹的画法绘制，其余部分仍按各自的画法表示。画图时还应注意，表示螺纹大小径的粗细实线应分别对齐，而与螺杆头部倒角的大小无关。它表明内、外螺纹具有相同的大径和相同的小径，如图 6-11 所示。

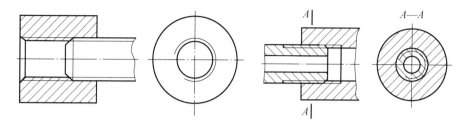

图 6-11　内、外螺纹连接的规定画法

4. 螺纹牙型表示法

图形中一般不表示螺纹牙型，当需要螺纹牙型或非标准螺纹(如矩形螺纹) 时，可在剖视图中表示几个牙型，也可用局部放大图表示，如图 6-12 所示。

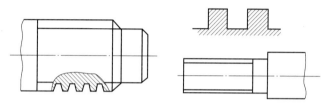

图 6-12　螺纹牙型表示法

5. 圆锥形螺纹的画法

圆锥形螺纹的画法如图 6-13 所示，在垂直于轴线的投影面的视图中，左视图上按螺纹的大端绘制，右视图上按螺纹的小端绘制。

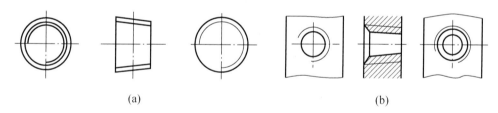

(a)　　　　　　　　　　　　　　　　(b)

图 6-13　圆锥形螺纹的画法

四、螺纹的种类

螺纹的种类较多，为便于设计和制造，国家标准对螺纹基本要素中的牙型、公称直径(大径)和螺距做了统一规定。

1. 螺纹的种类

螺纹按用途不同，可分为连接螺纹和传动螺纹两类。

(1) 连接螺纹。起连接作用的螺纹。常用的连接螺纹有普通螺纹、管螺纹和锥管螺纹。其中，普通螺纹分粗牙螺纹和细牙螺纹两种；管螺纹又分为非螺纹密封的管螺纹和用螺纹密封的管螺纹。

(2) 传动螺纹。用于传递动力和运动的螺纹。

2. 螺纹的标注

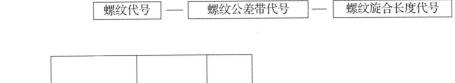

在螺纹的规定画法中，无论其牙型、线数、螺距、旋向如何，画法都是一样的。所以，不同螺纹的种类和要素只能通过标注来区分。

(1) 普通螺纹。

普通螺纹(M)的标注分三部分，即螺纹代号、螺纹公差带代号和螺纹施合长度代号。

例如：

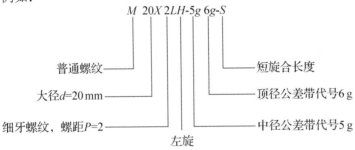

① 普通螺纹的特征代号为 M。

② 粗牙普通螺纹不必标注螺距(每一对应直径只有一种)，细牙普通螺纹应标注螺距数值。

③ 右旋螺纹不必标注旋向，左旋螺纹应标注 LH。

④ 公差带代号的字母大写表示内螺纹，小写表示外螺纹。中径公差带和顶径公差带代号相同时，可注写一个代号。

⑤ 普通螺纹的旋合长度规定了短、中、长三组，其代号分别为 S、N、L。其中，中等长度旋合时，图上可不标注 N。

(2) 管螺纹。

非螺纹密封的管螺纹的标注也由三部分组成，即螺纹特征代号、尺寸代号和公差等级代号。

例如：

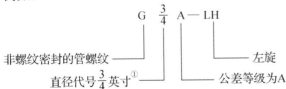

① 普通管螺纹的特征代号为 G。

──────────

① 1 英寸=25.4 mm。

② 上述管螺纹标注中的"尺寸代号"并非大径数值，而是指管螺纹的管子通径尺寸，单位为英寸，因而这类螺纹需用指引线自大径圆柱(或圆锥)母线引出标注，作图时可根据尺寸代号查出螺纹大径尺寸，如尺寸代号为 1，螺纹大径为 33.249 mm。

③ 螺纹公差带代号：内螺纹只有一种，所以不需要标记，外螺纹有 1A、2A 和 3A 三级。

用螺纹密封的管螺纹的标注由螺纹特征代号和尺寸代号两部分组成。螺纹特征代号：Rc 为圆锥内螺纹；R 为圆锥外螺纹；Rp 为圆柱内螺纹。

(3) 梯形螺纹(Tr)和锯齿形螺纹(B)。

梯形螺纹和锯齿形螺纹的标注相同，由特征代号、公称直径、螺距、旋向等几个部分组成。

例如：

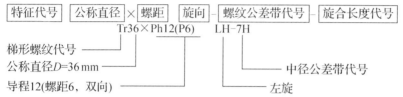

① 梯形螺纹的特征代号为 Tr，锯齿形螺纹的特征代号为 B。

② 梯形螺纹和锯齿形螺纹的旋合长度只分中(N)和长(L)两组，N 可省略。中(N)又可表述为正常组，长(L)又可表述为加长组。

③ 标注特殊螺纹时，应在特征代号前标注"特"字，非标准牙型的螺纹应画出牙型并标注所需尺寸及有关要求，如图 6-14 所示。

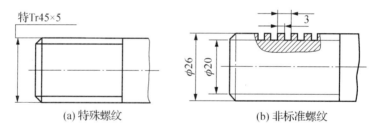

(a)特殊螺纹　　　　(b)非标准螺纹

图 6-14　特殊螺纹及非标准螺纹的标注

常用标准螺纹的标注如表 6-1 所示。

表 6-1　常用标准螺纹的种类、牙型与标注

螺纹类别		特征代号	牙型	标注示例	说明
普通螺纹	粗牙	M			表示公称直径为 24 mm 的右旋粗牙普通外螺纹，中径公差带代号为 5 g，顶径公差带代号为 6 g，短旋合长度
	细牙				表示公称直径为 24 mm，螺距为 2 mm 的细牙普通内螺纹，中径、顶径公差带代号为 6H，中等旋合长度

螺纹类别	特征代号	牙型	标注示例	说明
梯形螺纹	Tr		Tr40X14(p7)LH-7e	表示公称直径为 40 mm，导程为 14 mm，螺距为 7 mm 的双线、左旋梯形外螺纹，中径公差带为 7e
锯齿形螺纹	B		B32X7-7C	表示公称直径为 32 mm，螺距为 7 mm 的右旋锯齿形外螺纹，中径公差带为 7c，中等旋合长度
密封管螺纹	R	55°	R1/2-LH	表示尺寸代号为 1/2，螺纹密封的左旋圆锥外螺纹
	Rp		R 3/4	表示尺寸代号为 3/4，螺纹密封的圆柱内螺纹
	Rc		R 3/4	表示尺寸代号为 3/4，螺纹密封的圆锥内螺纹
非密封管螺纹	G		G3/4B	表示尺寸代号为 3/4，非螺纹密封的圆柱内螺纹及 B 级圆柱外螺纹

第二节　螺纹紧固件

一、常用螺纹紧固件的种类及标记

　　以螺纹起连接和紧固作用的零件称为螺纹紧固件。常用的螺纹紧固件有螺栓、双头螺柱、螺母、垫圈、螺钉等，如图 6-15 所示。在可拆卸连接中，螺纹紧固件连接是工程上应用最广泛的连接方式。因此，要掌握常用螺纹紧固件的标记、画法及其连接画法。常用螺纹紧固件的标记示例如表 6-2 所示。

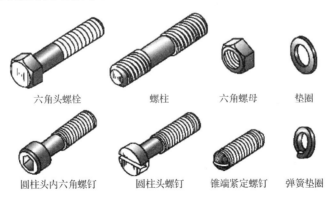

六角头螺栓	螺柱	六角螺母	垫圈
圆柱头内六角螺钉	圆柱头螺钉	锥端紧定螺钉	弹簧垫圈

图 6-15　常用螺纹的紧固件

表 6-2　常用螺纹紧固件的标记示例

紧固件名称	标记实例	说　明
螺栓	螺栓 GB/T 5782—2000 M10×60	螺纹公称直径 $d=10$、公称长度 $L=60$(不包括头部)的螺栓
双头螺柱	螺栓 GB/T 898—1988 M10×60	公称直径 $d=10$、公称长度 $L=60$(不包括旋入端)的双头螺柱
螺母	螺母 GB/T 6170—2000 M10	螺纹规格 $D=M10$ 的螺母
平垫圈	垫圈 GB/T 97.2—2002 10×140HV	螺栓直径 $d=10$、性能等级为 140HV、不经表面处理的平垫圈
弹簧垫圈	垫圈 GB/T 93—1987 20	螺栓直径 $d=20$ 的弹簧垫圈
螺钉	螺钉 GB/T 67—2000 M10×50	螺钉公称直径 $d=10$、公称长度 $L=50$(不包括头部)的开槽圆头螺钉
紧定螺钉	螺钉 GB/T 71—1985 M5×12	螺钉公称直径 $d=5$、公称长度 $L=12$ 的开槽锥端紧定螺钉

二、常用螺纹连接件的画法

　　常用的螺纹连接件有螺栓、双头螺柱、螺母及垫圈等。这些零件一般是标准件，虽然种类繁多、结构各异，但其形式、尺寸均按规定标记在相应的国家标准中给定。

　　画螺纹连接图中的紧固件，可根据紧固件的规格从相应标准中查出各部分尺寸，然后按 规定画出。为了简化作图，通常根据螺纹公称直径 d 和 D，按比例关系计算出各部分的尺寸，近似地画出螺纹的紧固件，称为比例画法，如图 6-16 所示。

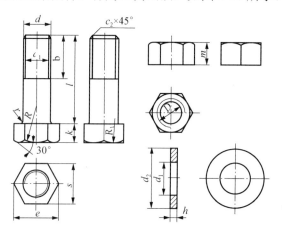

图 6-16　螺栓、螺母、垫圈的比例画法

　　螺纹紧固件尺寸的计算关系如下。

　　螺栓：d、L 根据要求，$R_1=1d$，$d_1≈0.85d$，$R=1.5d$，$k_1=0.7d$，$b≈2d$。

　　螺母：D 根据要求，$M=0.8d$。

　　垫圈孔径：$d_1=1.1d$。

　　垫圈的外径和厚度分别为：$d_2=2.2d$，$h=0.15d$。

　　螺栓及螺母头部因有 30° 倒角而产生的截交线在连接图中可简化不画，如要求表示时，按图 6-17 所示的方法近似画出。

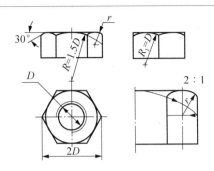

图 6-17　螺栓、螺母头部的近似画法

螺钉头部按螺纹直径 d 成比例的近似画法如图 6-18 所示。

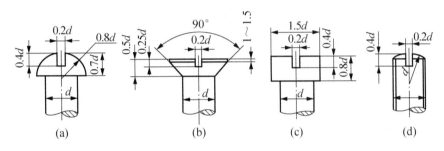

图 6-18　螺钉头部的近似画法

1. 螺栓连接

用螺栓、螺母、垫圈把两个零件连接在一起，称为螺栓连接。如图 6-19 所示，将螺栓穿过两个被连接件上的通孔(孔径略大于螺栓的螺纹大径 d，一般取 $1.1d$)，然后套上垫圈，再用螺母拧紧，即完成连接。当两个零件不太厚且允许钻成通孔时，常采取这种连接方式。

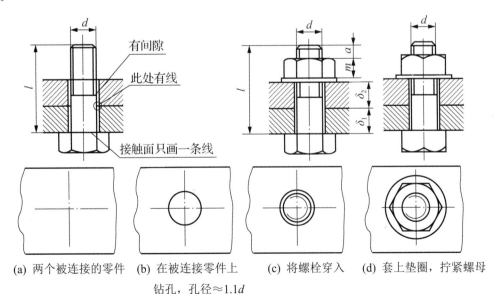

(a) 两个被连接的零件　(b) 在被连接零件上　(c) 将螺栓穿入　(d) 套上垫圈，拧紧螺母
　　　　　　　　　　　　　钻孔，孔径≈$1.1d$

图 6-19　螺栓连接

用近似比例画法画螺栓连接图的作图步骤可按装配顺序进行，如图 6-19 所示。

画螺栓连接图应注意以下几点。

(1) 两个零件的接触面只画一条线，不接触面表示其间隙，画两条线。

(2) 两个零件的剖面线方向应相反，或方向一致，间隔不等。同一零件在各视图中的剖面线方向和间隔应保持一致。

(3) 当剖切平面通过螺杆等标准件的轴线时，螺栓、螺母、垫圈等均按未剖切绘制。

(4) 螺栓的公称长度 l 应先按下式计算，然后查表选取标准长度值(取大于计算所得数值的接近值)。

$$l=\delta_1+\delta_2+h+m+a$$

式中，δ_1、δ_2 为被连接零件的厚度；h 为垫圈厚度；m 为螺母厚度；a 为螺栓末端伸出螺母长度(一般取 $0.2d\sim0.3d$)。

2. 螺柱连接

当被连接零件需经常拆卸或其中之一的较厚不便钻成通孔时，可采用螺柱连接。如图 6-20 所示，下部零件较厚做成螺孔，上部零件做成通孔(孔径略大于螺栓的螺纹大径 d，一般取 $1.1d$)，将螺纹的一端(旋入端)旋入螺孔，另一端(固紧端)套上垫圈并拧紧螺母，完成连接。

螺柱连接图通常采用比例画法，如图 6-20 所示。画螺柱连接图应注意以下两点。

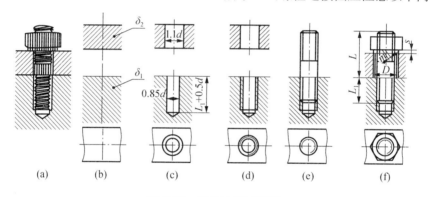

图 6-20　螺柱连接过程图

(1) 旋入端的螺纹终止线应与两个零件的接触面平齐。旋入端长度与被旋入零件的材料有关(钢或青铜取 $b_m=1d$，铸铁取 $b_m=1.25d\sim1.5d$，材料为铝时取 $b_m=2d$)，其数值可由国家标准中查得(见附录 B 中的表 B-5)。螺孔的深度应大于旋入端的长度，一般取 $b_m+0.5d$。

(2) 螺柱的公称长度应先按下式计算，然后查表(附录 B 中的表 B-5)选取标准长度值(取大于计算数值的接近值)，如图 6-20 所示。

$$l=\delta+h+m+a$$

式中，δ 为被连接上部零件的厚度；h 为垫圈厚度；m 为螺母厚度；a 为螺柱紧固端伸出螺母长度(一般取 $0.2d\sim0.3d$)。

3. 螺钉连接

螺钉连接是一种不需要与螺母配合而仅用螺钉连接两个零件的连接方法，主要用于受力不大，又不经常拆卸的零件间的连接。如图 6-21 所示，被连接的下部零件做成螺孔，上部零件做成通孔(孔径略大于螺钉的螺纹大径 d，一般取 $1.1d$)，将螺钉穿过上部零件的通孔，然后与下部零件上的螺孔旋紧，即完成连接。

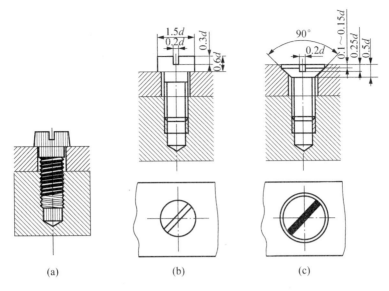

图 6-21　螺钉连接图的画法

画螺钉连接图可用比例画法，也可从标准中查得各部分的尺寸后绘制。图 6-21 所示为常用的开槽圆柱头螺钉和开槽沉头螺钉采用比例画法绘制的连接图。

画螺钉连接图应注意以下两点。

(1) 螺钉的公称长 l 应按下式计算，然后查表选取标准长度值，如图 6-21 所示。

$$L=\delta+b_{\mathrm{m}}$$

式中，δ 为被连接上部零件的厚度，b_{m} 为旋入端长度(根据被旋入零件的材料选用，同螺柱)。

(2) 螺钉头部的一字槽，在垂直于螺钉轴线的投影面的视图中，按与中心线成 45° 画出，在平行于螺钉轴线的投影面的视图中，应将一字槽放正(与投影面垂直)画出。在装配图中，螺钉头部的一字槽允许涂黑表示，如图 6-21(c)所示。

第三节　键、销连接

键、销连接是常用的可拆卸连接。

一、键连接

1. 常用键及其标记

键是用来连接轮子和轴的连接件，主要作用是传递扭矩。图 6-22 所示为用键来连接带轮和轴。

常用的键有普通平键、半圆键、钩头楔键、花键等，如图 6-23 所示。键的形式和长度及键槽的尺寸应根据轴的直径从有关标准中查得。

图 6-22 键连接

(a) 平键   (b) 半圆键   (c) 钩头楔键

图 6-23 常用键的形式

表 6-3 列出了几种键及其标记示例。

表 6-3 键及其标记示例

名称	标准号	图例	标记示例
普通平键	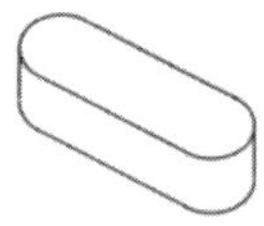 GB/T 1096—2003	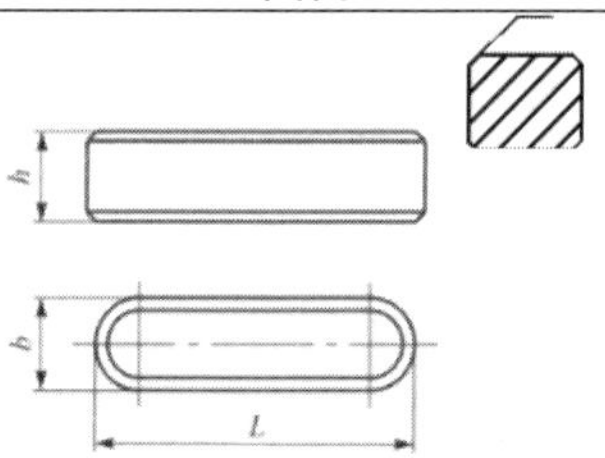	b=18 mm，h=11 mm，L=100 mm 方头、普通平键(B 型)键 B18×100 GB/T 1096—2003(A 型圆头普通平键可不标出 A)
半圆键	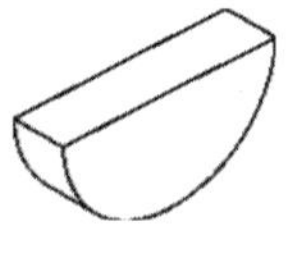 GB/T 1099.1—2003	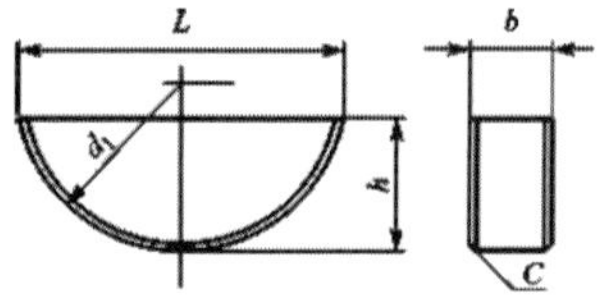	b=6 mm，h=10 mm，d_1=25 mm，L=24.5 mm；半圆键 6×10×25 GB/T 1099.1—2003
钩头楔键	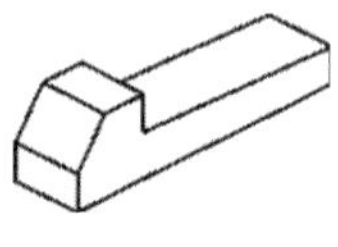 GB/T 1565—2003	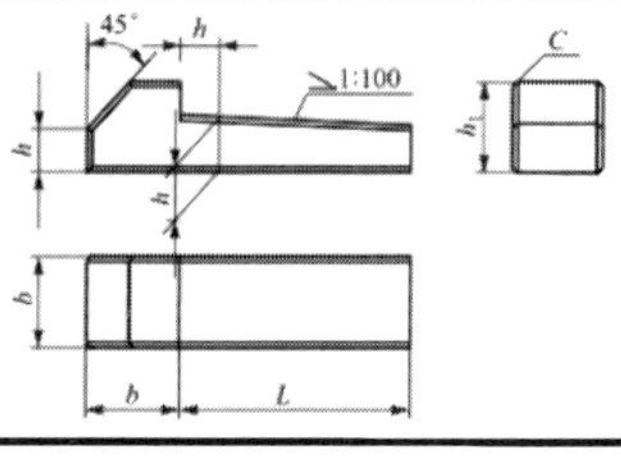	b=18 mm，h=11 mm，L=100 mm 钩头楔键 18×100 GB/T 1565—2003

2. 键槽的尺寸及其标注法

键是标准件，一般不必画出零件图，但要画出零件上与键相配合的键槽。键槽有轴上的键槽和轮毂上的键槽，键槽常在插床或铣床上加工。图 6-24 所示为普通平键的键槽及其标注法。其中，b、t、t_1 应根据轴的直径 d 从有关标准中查出。轴上的键槽长度应等于键的长度，其数值应小于轮毂的宽度 B(10～20 mm)，并应选取标准值。

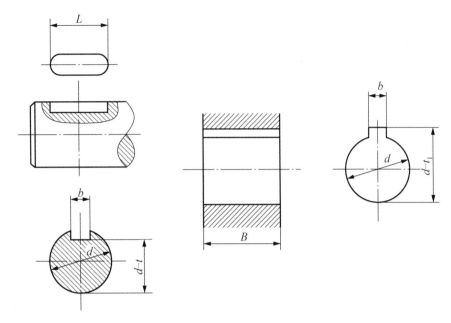

图 6-24　普通平键的键槽及其尺寸标注法

3. 键连接图的画法

(1) 普通平键和半圆键连接。普通平键和半圆键连接的作用原理相似，半圆键常用在载荷不大的传动轴上。平键和半圆键的连接画法分别如图 6-25 和图 6-26 所示。绘制时应注意以下几点。

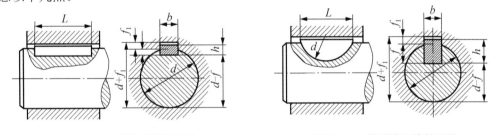

图 6-25　平键连接的画法　　　　　图 6-26　半圆键连接的画法

①　连接时，普通平键和半圆键的两个侧面是工作面，与轴、轮毂的键槽的两个侧面相接触，分别只画一条线。

②　键的上下底面为非工作面，上底面与轮毂槽顶面之间留有一定的间隙，画两条线。

③　在反映键长方向的剖视图中，轴采用局部剖视，键按不剖处理。需要表明键槽时，在反映键长度方向的剖视图中，采用局部剖视表示。

(2) 钩头楔键连接画法。钩头楔键的顶面有 1:100 的斜度，连接时沿轴向将键打入键槽内，直至打紧为止。钩头楔键的上下底面为工作面，各画一条线；绘图时，侧面不留间隙只画一条线，如图 6-27 所示。

(3) 花键。花键也是应用较广泛的连接件之一，其结构尺寸已标准化。花键有外花键和内花键之分，根据齿部的形状又分为矩形花键、三角形花键和渐开线花键。常见的矩形花键外形如图 6-28 所示。

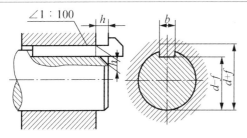

图 6-27　钩头楔键连接的画法

图 6-28　矩形花键

①　矩形外花键的画法。矩形外花键通常用两个视图表示，如图 6-29 所示。在平行于轴线的视图中，大径用粗实线表示，小径用细实线表示，并将细实线画进端部倒角。工作长度终止线和尾部长度的末端均用细实线画成与轴线垂直，尾部应与轴线成 30° 倾斜。在垂直于轴线的视图中，可画出部分齿形或全部齿形。

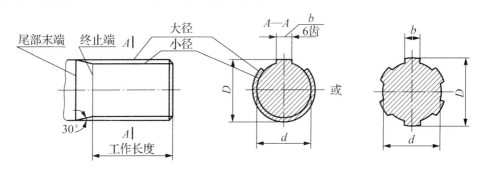

图 6-29　矩形外花键的画法

②　矩形内花键的画法。画矩形内花键时，通常采用两个视图，如图 6-30 所示。在平行于轴线的视图中，大小径均用粗实线表示。剖面线画到大径处止；在垂直于轴线视图中，可画出部分齿形或全部齿形。

③　矩形花键的标注。可直接在图上标注出大径 D、小径 d、宽度 b 和齿 Z，或用指引线在大径上引出，标注出花键代号，如图 6-31 所示。

图 6-31 中矩形花键标记的含义：⊐ 表示矩形花键，6 表示 6 个键齿，23 表示小径 d 为 23 mm，f 7 为小径公差带代号，26 表示大径 D 为 26，a11 表示大径公差带代号，6 表示键宽 b 为 6 mm，d10 表示键宽公差带代号。

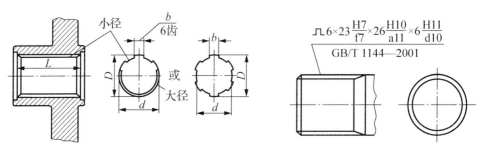

图 6-30　矩形内花键　　　　图 6-31　矩形花键的标注

其中，H7、H10 和 H11 分别表示用于连接的内花键的小径、大径和键宽的公差带代号。

二、销连接

1. 销及其标记

销也是标准件，用于零件间的连接或定位。常用的销有圆柱销和圆锥销，其结构形式、规定标记以及销连接和销孔的标注如表 6-4 所示。销的尺寸可查阅相关标准。

表 6-4　销的标准、形式、画法及标记

名称	标准号	图 例	标记示例	连接画法
圆柱销	GB 119.1—2000		直径 $d=5$，$L=20$，材料为 35 钢，表面氧化处理的圆柱销，标记为销 GB 119.1 —2000　5×20	

2. 销连接的画法

圆柱销和圆锥销的连接画法如图 6-32 所示。

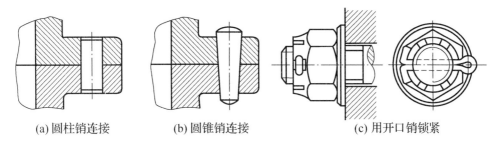

(a) 圆柱销连接　　(b) 圆锥销连接　　(c) 用开口销锁紧

图 6-32　销连接的画法

圆柱销和圆锥销的装配要求较高，销孔要在被连接件装配后同时加工。这一要求需用"装配时作"或"与 X 件同钻铰"字样在零件图上注明。锥销孔的直径是指小端直径，标注时可采用旁注法，如图 6-33 所示。加工锥销孔时按公称直径先钻孔，再用定值铰刀扩铰成锥孔，如图 6-34 所示。

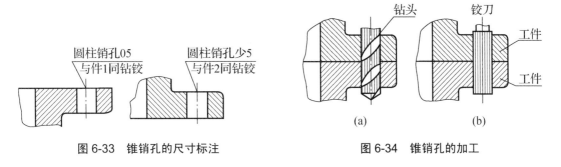

图 6-33　锥销孔的尺寸标注　　　　　图 6-34　锥销孔的加工

第四节　滚　动　轴　承

滚动轴承是用来支承旋转轴的一种部件。滚动轴承具有摩擦阻力小、结构紧凑等优点，在机械设备中被广泛应用。其结构形式、尺寸等已标准化，使用时可根据设计要求查阅有关标准选用。

一、滚动轴承的结构和分类

滚动轴承的种类很多，但其结构基本相似。如图 6-35 所示，各类滚动轴承的结构一般由四部分组成。

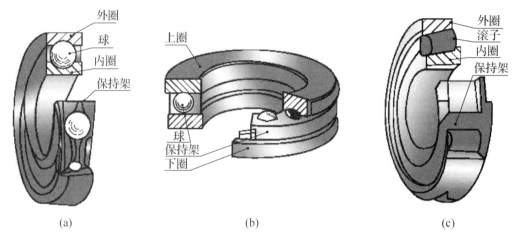

图 6-35　常见滚动轴承结构

1. 结构

① 内圈：套在轴上，随轴一起转动。

② 外圈： 装在机座孔中，一般固定不动或偶做少许转动。

③ 滚动体：装在内、外圈之间的滚道中。滚动体可做成滚珠(球)或滚子(圆柱形状、圆锥形状或针状)。

④ 保持架：用以均匀隔开滚动体，故又称隔离圈。

2. 分类

滚动轴承的分类方法很多，常见的有以下几种。

(1) 按受力方向分类。

① 向心轴承：主要承受径向载荷，如深沟球轴承。

② 推力轴承：只承受轴向载荷，如平底推力球轴承。

③ 向心推力轴承：同时承受径向和轴向载荷，如圆锥滚子轴承。

(2) 按滚动体的形状分类。

① 球轴承：滚动体为球体的轴承。

② 滚子轴承：滚动体为圆柱滚子、圆锥滚子和滚针等。

二、滚动轴承的画法

国家标准规定了滚动轴承的特征画法、通用画法和规定画法。

滚动轴承是标准部件，由专门工厂生产，使用单位一般不必画出其部件图。在装配图上，必须在明细表中标注出轴承的代号。可根据国标规定采用通用画法、特征画法及规定画法，其具体的画法和规定如表 6-5 所示。

表 6-5　常用滚动轴承的画法

轴承类型	结构形式	通用画法	特征画法	规定画法	承载特征
深沟球轴承 GB/T 276—1996 6000 型	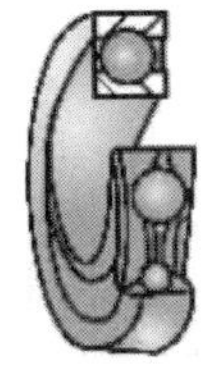	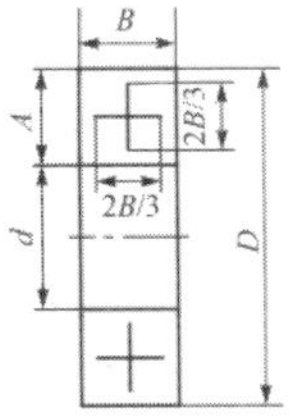	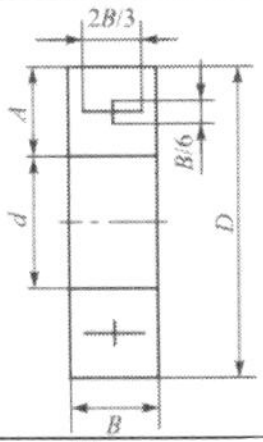	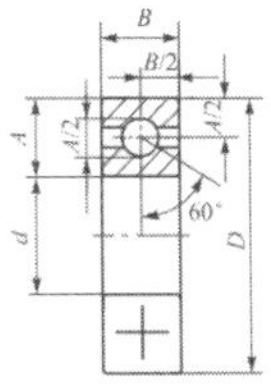	主要承受径向载荷
圆锥滚子轴承 GB/T 273.1—2003 3000 型	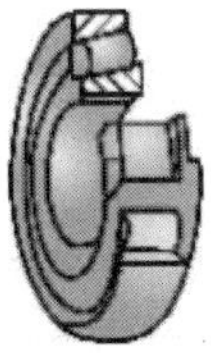		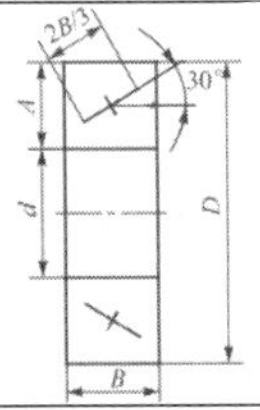	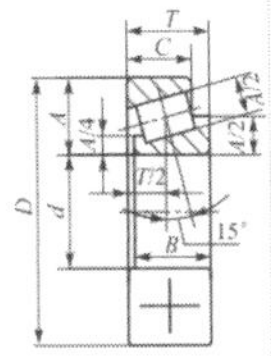	可同时承受径向和轴向载荷
推力球轴承 GB/T 301—1995 5900 型	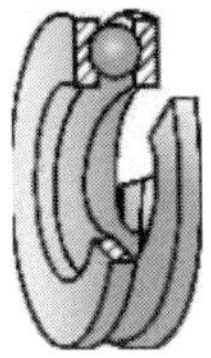		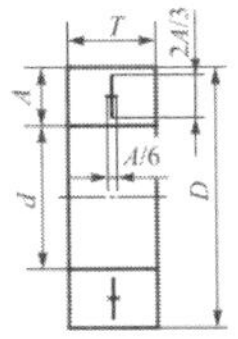	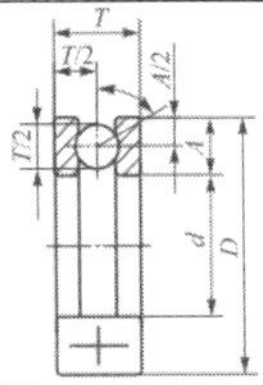	承受单方向的轴向载荷
三种画法的选用		当不需要确切地表示滚动轴承的外形轮廓、承载特征和结构特征时采用	当需要较形象地表示滚动轴承的结构特征时采用	滚动轴承的产品图样、产品样本、产品标准和产品使用说明书中采用	

注：通用画法、特征画法和规定画法均指滚动轴承在装配图中的剖视图画法。

滚动轴承画法的作图原则如下。

①　以轴承实际的外轮廓尺寸绘制轴承的剖面轮廓，轮廓内可用简化画法和规定画法。

②　当装配图中需较详细地表达滚动轴承的主要结构时，可采用规定画法；只需简单地表达滚动轴承的主要结构时，可采用简化画法。

③　同一图样中应采用同一种画法。

三、滚动轴承的代号(GB/T 272—1993)

滚动轴承的类型、结构和尺寸均已标准化，并规定用代号表示。滚动轴承代号是用字母加数字来表示滚动轴承的结构尺寸、公差等级、技术性能等特征的产品符号。国家标准规定轴承代号由基本代号、前置代号和后置代号构成。

前置代号　　基本代号　　后置代号

1. 基本代号

基本代号是轴承代号的基础，前置、后置代号是补充代号。基本代号由轴承类型代号、尺寸系列代号和内径代号构成，尺寸系列代号由轴承的宽(高)度系列代号和直径系列代号组合而成。

| 类型代号 | 尺寸系列代号 | 内径代号 |

① 类型代号：用数字或字母表示，如表 6-6 所示。

表 6-6　轴承类型代号

代号	轴承类型	代号	轴承类型
0	双列角接触球轴承	6	深沟球轴承
1	调心球轴承	7	角接触球轴承
2	调心球轴承和推力调心滚子轴承	8	推力圆柱滚子轴承
3	圆锥滚子轴承	N	圆柱滚子轴承双列或多列用字母 NN 表示
4	双列深沟球轴承	U	外球面球轴承
5	推力球轴承	QJ	四点接触球轴承

② 尺寸系列代号：由轴承的宽(高)度系列代号和直径系列代号组合而成，各用一位阿拉伯数字表示，主要作用是区别内径相同而宽(高)度和外径不同的轴承，具体代号需查阅相关标准。

③ 内径代号：表示轴承的公称内径，一般用两位阿拉伯数字表示，如表 6-7 所示。

表 6-7　滚动轴承内径代号

轴承公称内径/mm		内径代号	示　例
0.6～10 (非整数)		用公称内径数直接表示，尺寸系列代号之间用"/"分开	深沟球轴承 618/2.5，d=2.5 mm
1～9 (整数)		用公称内径数直接表示，对深沟及角接触球轴承 7、8、9 直径系列，内径与尺寸系列代号之间用"/"分开	深沟球轴承 625 深沟球轴承 618/5　d=5 mm
10～17	10、12、15、17	00、01、02、03	深沟球轴承 6200 d=10 mm
20～480 (22、28、32 除外)		公称内径除以 5 的商，商为个位数，需在商左边加"0"，如 08	调心滚子轴承 23208　d=40 mm
≥500 以及 22、28、32		用公称内径数直接表示，尺寸系列代号之间用"/"分开	调心滚子轴承 230/500 d=50 mm 深沟球轴承 62/22 D=22 mm

2. 前置、后置代号

前置、后置代号是轴承在结构形状、尺寸、公差、技术要求等方面有改变时，在其基本代号前、后添加的补充代号。前置代号用字母表示，后置代号用字母或字母加数字表示。如 61804、51208 解释如下。

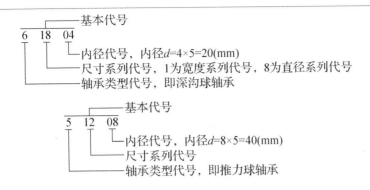

基本代号

6　18　04

内径代号，内径$d=4×5=20$(mm)

尺寸系列代号，1为宽度系列代号，8为直径系列代号

轴承类型代号，即深沟球轴承

基本代号

5　12　08

内径代号，内径$d=8×5=40$(mm)

尺寸系列代号

轴承类型代号，即推力球轴承

第五节　齿　　轮

　　齿轮是应用非常广泛的传动件，用以传递动力和运动，具有改变转轴的转速和转向的作用。依据两啮合齿轮轴线在空间的相对位置不同，常见的齿轮传动可分为下列三种形式。

　　①　圆柱齿轮传动：用于两平行轴之间的传动[见图6-36(a)]。

　　②　圆锥齿轮传动：用于两相交轴之间的传动[见图6-36(b)]。

　　③　蜗轮、蜗杆传动：用于两交叉轴之间的传动[见图6-36(c)]。

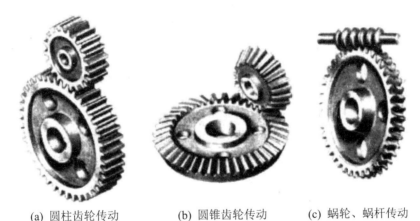

(a) 圆柱齿轮传动　　　　(b) 圆锥齿轮传动　　　　(c) 蜗轮、蜗杆传动

图6-36　常见齿轮传动

一、圆柱齿轮

　　圆柱齿轮是将轮齿加工在圆柱面上，由轮齿、轮体(齿盘、辐板或辐条、轮毂等)组成，如图6-37所示。

　　圆柱齿轮有直齿、斜齿和人字齿等，其中直齿圆柱齿轮的应用最为广泛。

　　轮齿是齿轮的主要结构，有标准与非标准之分，轮齿的齿廓曲线有渐开线、摆线、圆弧等。在生产中应用最广泛的是渐开线齿轮。本节主要介绍标准渐开线齿轮的基础知识和规定画法。

(a) 直齿　　　　　　　(b) 斜齿　　　　　　　(c) 人字齿

图 6-37　圆柱齿轮

1. 直齿圆柱齿轮的基本参数

直齿圆柱齿轮轮齿各部分的名称及尺寸如下。

(1) 齿数(z)。齿轮上轮齿的个数。

(2) 齿顶圆(d_a)。在圆柱齿轮上，齿顶圆柱面与端平面的交线称为齿顶圆。

(3) 齿根圆(d_f)。在圆柱齿轮上，齿根圆柱面与端平面的交线称为齿根圆。

(4) 分度圆(d)。圆柱齿轮的分度圆柱面与端平面的交线，称为分度圆。

(5) 节圆(d')。当两个齿轮传动时，齿廓(齿顶圆和齿根圆之间的曲线段)在两个齿轮中心连线上的接触点 A 处，两个齿轮的圆周速度相等。分别以两个齿轮中心到点 A 距离为半径的两个圆称为相应齿轮的节圆。

一对装配正确的标准齿轮，其节圆与分度圆重合，即 $d=d'$。

(6) 齿顶高(ha)。齿顶圆与分度圆之间的径向距离，称为齿顶高。

(7) 齿根高(hf)。齿根圆与分度圆之间的径向距离，称为齿根高。

(8) 齿高(h)。齿顶圆与齿根圆之间的径向距离，称为齿高。

(9) 齿距(p)。在分度圆上，相邻两齿对应点之间的弧长称为齿距。齿距由槽宽(e)和齿厚(s)组成。在标准齿轮中，$e=s$，即 $p=e+s$，如图 6-38 所示。

(10) 压力角(α)。两个相啮合的轮齿齿廓在接触点 A 处的受力方向与运动方向的夹角。我国标准齿轮的分度圆压力角为 200°。通常所称压力角即指分度圆压力角。

(11) 中心距(a)。两啮合齿轮轴线之间的距离称为中心距。

(12) 模数(m)。由于分度圆周长 $\pi d=pz$，所以 $d=pz/\pi$。为计算方便，国标将 p/π 予以规定，用字母 m 来表示，称为模数，分度圆直径为 $d=mz$。

模数是设计和制造齿轮的一个重要参数。相互啮合的两个齿轮，模数应相等。在标准齿轮中，$h_a=m$，$h_f=1.25\,m$。当模数 m 变大时，齿顶和齿根也随之变大，即模数越大，轮齿越多；模数越小，轮齿就越少。

不同模数的齿轮，要用不同的刀具进行加工。为简化和统一齿轮的轮齿参数规格，提高齿轮的互换性，便于齿轮的加工、修配，减少齿轮刀具的规格品种，提高其系列化和标准化程度，国家标准对齿轮的模数做了统一规定，如表 6-8 所示。

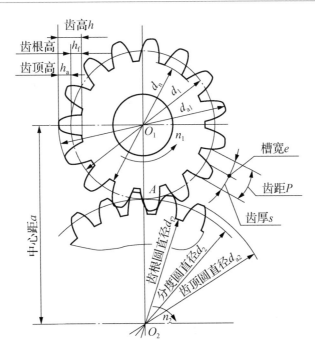

图 6-38 直齿圆柱齿轮各部分名称及代号

表 6-8 齿轮标准模数系列

圆柱齿轮	第一系列	1，1.25，2，2.5，3，4，5，6，8，10，12，16，20，25，32，40
	第二系列	1.75，2.25，2.75，(3.25)，3.5，(3.75)，4.5，5，(6.5)，7，9，(11)，14，18，22
圆锥齿轮 (大端端面 模数)m_e		1，1.125，1.25，1.375，1.5，1.75，2，2.25，2.5，2.75，3，3.25，3.5，3.75，4，4.5，5， 5.5，6，6.5，7，8，9，10，11，12，14，16，18，20，22，25，28，30，32，26，40

注：1. 圆柱齿轮摘自《通用机械和重型机械用圆柱齿轮 模数 标准》(GB/T 1375—2008)，圆锥齿轮摘自
《锥齿轮模数》(GB/T 12368—1990)。

2. 优先选用第一系列，再选用第二系列；括号内的模数尽量不用。

3. 斜齿轮执法向模数 m_n。

直齿圆柱齿轮各部分尺寸计算关系如表 6-9 所示。

表 6-9 直齿圆柱齿轮各部分尺寸计算

名称	计算公式	名称	计算公式
齿数(Z)	根据设计要求或测绘而定	齿顶高 h_a	$h_a = m$
模数(m)	$M = P/\pi$	齿根高 h_f	$h_f = 1.25\,m$
分度圆直径(d)	$D = mz$	齿高 h	$h = h_a + h_f = 2.25\,m$
齿顶圆直径(d_a)	$d_a = d + 2h_a = m(Z+2)$	齿距 p	$P = \pi m$
齿根圆直径(d_f)	$d_f = d - 2h_f = m(Z - 2.5)$	中心距 a	$a = d_1/2 + d_2/2 = m(Z_1 + Z_2)/2$
齿宽(b)	$b = 2p - 3p$		

2. 直齿圆柱齿轮的规定画法

国家标准规定，齿轮的轮齿部分一般不按真实投影绘制，而是按规定画法：齿顶圆和齿顶线用粗实线绘制；分度圆和分度线用点画线绘制(分度线应超出轮齿两端面轮廓线 2~3 mm)；齿根圆和齿根线用细实线绘制，可以省略。在剖视图中，当剖切面通过齿轮的轴线时，轮齿一律按不剖绘制，齿根线用粗实线绘制。

(1) 直齿单个齿轮的画法。

单个圆柱齿轮通常用两个视图表示，轴线放成水平，如图 6-39(a)所示。齿顶圆和齿顶线用粗实线绘制；分度圆和分度线用细点画线绘制，齿根圆和齿根线用细实线绘制，也可省略不画；在剖视图中，齿根线用粗实线绘制，不可省略；当剖切平面通过齿轮轴线时，轮齿一律按不剖处理，如图 6-39(b)所示。

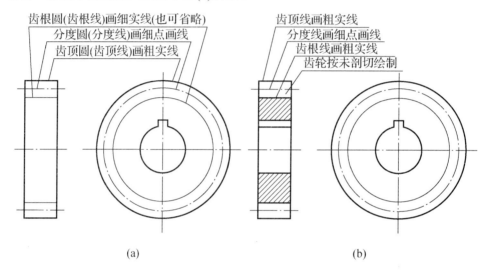

图 6-39　单个圆柱齿轮的画法

(2) 圆柱齿轮啮合的规定画法。

一对标准齿轮啮合，其模数必须相等，两分度圆相切。

① 非啮合区：分别按单个齿轮的规定画法绘制。

② 啮合区：画啮合图时，一般采用两个视图。在垂直于圆柱齿轮轴线的投影面的视图中(反映为圆的视图)，啮合区内的齿顶圆均用粗实线绘制，相切的两个分度圆用点画线绘出，如图 6-40(b)所示；也可用省略画法如图 6-40(d)所示。在平行于齿轮轴线的投影面的视图中，不剖时，啮合区两节线重合用粗实线绘制，其他处的节线仍用点画线绘制，如图 6-40(c)所示，当采用剖视画法时，啮合区两节线重合处用细点画线绘制，齿根线用粗实线绘制。一个齿轮的齿顶线画成粗实线，另一个齿轮的轮齿被遮挡，齿顶线画成虚线(虚线也可省略)，如图 6-40(a)和图 6-41 所示。

一对啮合的圆柱齿轮，由于齿根高与齿顶高相差 0.25 m，因此一个齿轮的齿和另一齿轮的齿顶线之间应有 0.25 m 的间隙，如图 6-41 所示。

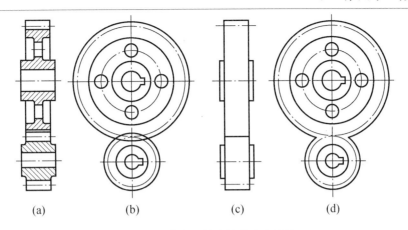

图 6-40　直齿圆柱齿轮的啮合画法

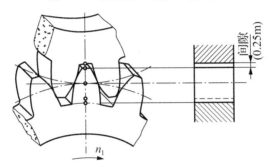

图 6-41　轮齿啮合区在剖视图上的画法

3. 标准直齿圆柱齿轮的测绘

对齿轮进行测量和计算，确定齿轮的主要参数及各部分尺寸，绘制其零件图的过程，称为齿轮测绘，其一般步骤如下。

(1) 数出齿轮的齿数 Z。

(2) 测量齿顶圆直径 d_a。偶数齿可直接量得 d_a，如图 6-42(a)所示；奇数齿则应先测出孔径 D_1 及孔壁到齿顶间的径向距离，再计算 $d_a = 2H + D_l$，如图 6-42(b)所示。

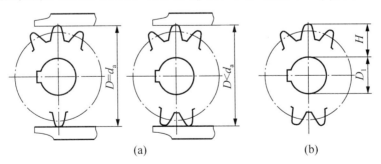

图 6-42　齿顶圆直径的测量

(3) 算出模数 m。根据 $m = d_a/(Z+2)$ 得 m，根据表 6-8 中标准模数，取较接近的标准模数。

(4) 计算齿轮的各部分尺寸。根据标准模数和齿数，按表 6-9 中的公式计算 d、d_a、d_f 等。

(5) 绘制标准直齿圆柱齿轮零件图。

直齿圆柱齿轮零件图如图 6-43 所示，详见《产品几何技术规范(GPS)几何公差形状、方向、位置和跳动公差标注》(GB/T 1182—2018)。

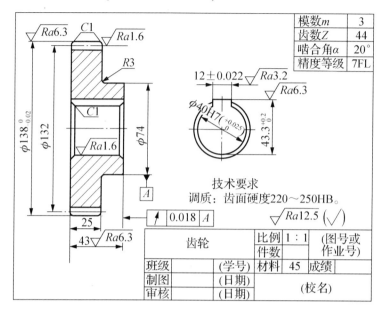

模数m	3
齿数Z	44
啮合角α	20°
精度等级	7FL

图 6-43　直齿圆柱齿轮零件图

二、直齿圆锥齿轮

1. 直齿圆锥齿轮的各部分名称和尺寸关系

圆锥齿轮的轮齿是在圆锥面上切出来的，所以轮齿一端大、一端小，齿厚沿圆锥素线变化，直径和模数也随着齿厚而变化。为了计算和加工方便，国家标准规定以大端端面的模数[大端端面模数由《锥齿轮模数》(GB/T 12368—1990)]决定。圆锥齿轮各部分的名称及尺寸如图 6-44 及表 6-10 所示。

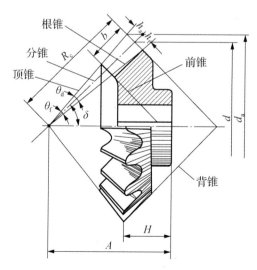

图 6-44　圆锥齿轮各部分名称

表 6-10　圆锥齿轮的部分尺寸计算

名称	代号	计算公式	名称	代号	计算公式
齿顶圆直径	d_a	$d_a=m(Z+\cos\delta)$	齿根高	h_f	$h_f=1.2m$
齿根圆直径	d_f	$d_f=m(Z-2.4\cos\delta)$	外锥距	R	$R=mZ/2\sin\delta$
分度圆直径	d_e	$d_e=mZ$	齿顶角	θ_a	$\theta_a=\arctan(2\sin\delta/Z)$
分度圆锥角	δ	$\delta_1=\arctan Z_1/Z_2$	齿根角	θ_f	$\theta_f=\arctan(2.4\sin\delta/Z)$
齿顶高	h_a	$\delta_2=\arctan Z_2/Z_1$	齿宽	b	$b\leqslant R/3$

2. 齿轮的规定画法

(1) 单个圆锥齿轮的画法。单个圆锥齿轮的画法如图 6-45 所示。

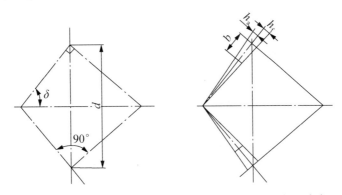

(a) 画分度圆锥、背锥　　　　(b) 画大端齿顶、齿根及齿宽

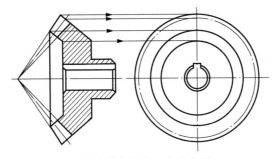

(c) 画出其余结构，完成全图

图 6-45　单个圆锥齿轮的画法

(2) 齿轮的啮合画法。两个锥齿轮的正确啮合条件为模数相等、节锥相切，其啮合画法如图 6-46 所示。

圆锥齿轮工作图如图 6-47 所示。

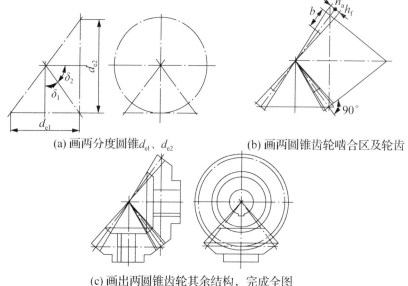

(a) 画两分度圆锥d_{e1}、d_{e2}　　(b) 画两圆锥齿轮啮合区及轮齿

(c) 画出两圆锥齿轮其余结构，完成全图

图 6-46　锥齿轮的啮合画法

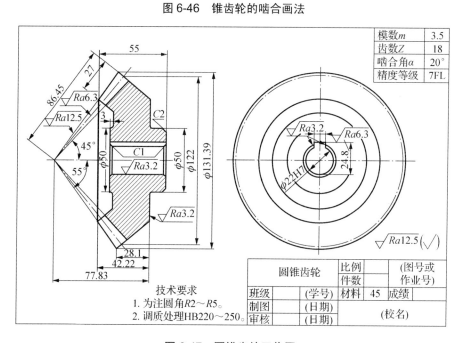

模数m	3.5
齿数Z	18
啮合角α	20°
精度等级	7FL

技术要求
1. 为注圆角$R2\sim R5$。
2. 调质处理HB220～250。

圆锥齿轮	比例		(图号或
	件数		作业号)
班级		(学号)	材料	45	成绩	
制图		(日期)				
审核		(日期)	(校名)			

图 6-47　圆锥齿轮工作图

三、蜗轮与蜗杆

蜗轮、蜗杆常用于垂直交错轴之间的传动。蜗轮类似斜齿圆柱齿轮，由于它与蜗杆是垂直交叉啮合，蜗轮的轮齿顶面常加工成凹弧形，以增加与蜗杆的接触面积。蜗杆为主动，用于减速，其结构紧凑，传动平稳，传动比大，但传动摩擦发热大，效率比较低。常用的蜗杆为圆柱形，类似梯形螺杆，有单头、多头和左右旋之分。蜗轮、蜗杆传动如图 6-48所示。

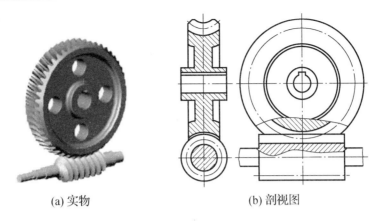

(a) 实物   (b) 剖视图

图 6-48 蜗轮与蜗杆

1. 蜗杆的规定画法

蜗杆一般用两个视图表示。在平行于轴线的视图上，其齿顶线、齿根线、分度线画法均与圆柱齿轮相同。一般用局部剖视图或局部放大图表达蜗杆的牙型，如图 6-49 所示。

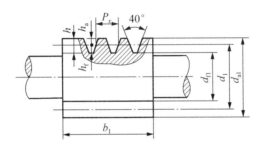

图 6-49 蜗杆的画法

2. 蜗轮的规定画法

在剖视图中，轮齿的画法与圆柱齿轮相同，而在与轴线成垂直方向的视图中，只画分度圆和最外面的圆，而齿顶圆和齿根圆不必画出，如图 6-50 所示。

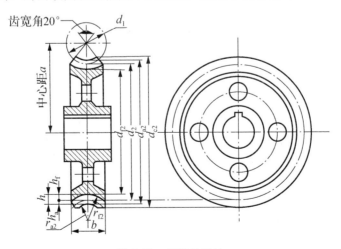

图 6-50 蜗轮的画法

3. 蜗轮、蜗杆的啮合画法

一对啮合的蜗轮、蜗杆模数相等，其啮合画法及步骤如图 6-51 所示。

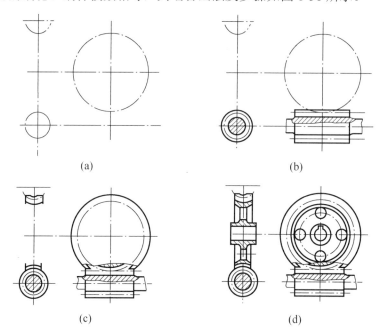

(a)　　　　　　　　　　　(b)

(c)　　　　　　　　　　　(d)

图 6-51　蜗轮、蜗杆的啮合画法

在主视图中，蜗轮被蜗杆遮住的部分不必画出；在左视图中，蜗轮的分度圆与蜗杆的分度线应相切。

第六节　弹　　簧

弹簧是机械仪器中常用的零件，具有功与能的转换特性，可用于减震、测力、压紧与复位、调节等多种场合。弹簧种类很多，常见的有圆柱螺旋弹簧、平面涡卷弹簧等，如图 6-52 所示。其中，圆柱螺旋弹簧最为常见。按所受载荷特性不同，这种弹簧又可分为压缩弹簧、拉伸弹簧和扭转弹簧三种，如图 6-52 所示。本节主要介绍普通圆柱螺旋压缩弹簧的有关名称和规定画法。

(a) 压缩螺旋弹簧　　(b) 拉力螺旋弹簧　　(c) 扭转螺旋弹簧

图 6-52　弹簧的种类

一、圆柱螺旋压缩弹簧各部分的名称及尺寸关系

弹簧钢丝直径(d)是指制造弹簧用的金属丝的直径。

1. 弹簧外径

弹簧外径 D_2：弹簧的最大直径。

弹簧内径 D_1：弹簧的最小直径，$D_1 = D_2 - 2d$。

弹簧中径 D：弹簧内径和外径的平均值，$D = (D_1 + D_2)/2 = D_1 + d = D_2 - d$。

2. 圈数

(1) 支承圈数 n_2：为了使压缩弹簧工作稳定、端面受力均匀，制造时需将弹簧的两端合紧磨平。这些合紧磨平的圈不参加工作，仅起支承作用，称为支承圈。支承圈数一般为 1.5、2 和 2.5 圈，常用的是 2.5 圈。此时，两端各合紧 1/2 圈，磨平 3/4 圈。

(2) 有效圈数 n：除支承圈以外，保持相等节距的圈数，称为有效圈。

(3) 总圈数 n_1：支承圈与有效圈之和称为总圈数，即 $n_1 = n + n_2$。

3. 节距

相邻两个有效圈上对应点间的轴向距离，称为节距(t)。

4. 自由高度

未受载荷时的弹簧高度(或长度)称为自由高度(H_0)。

$$H_0 = n_p + (n_2 - 0.5)d$$

式中，n_p 为有效圈的自由高；$(n_2 - 0.5)d$ 为支承圈的自由高。

5. 展开长度

展开长度(L)指制造弹簧时所需金属丝的长度，按螺旋线展开可得：

$$L = \sqrt{(n_1 \pi D_2)^2 + (n_1 p)^2}$$

6. 旋向

螺旋弹簧分为右旋和左旋两种。

国家标准已对普通圆柱螺旋压缩弹簧的结构尺寸及标记做了规定，需要时可查阅国家标准《机械制图　弹簧表示法》(GB/T 4459.4—2003)。

二、螺旋弹簧的画法

1. 螺旋弹簧的规定画法

弹簧的真实投影较复杂，螺旋弹簧可用视图或剖视表示。国家标准《机械制图　弹簧表示法》(GB/T 4459.4—2003)规定了弹簧的画法，如图 6-53 所示。

(1) 在平行于螺旋弹簧轴线的投影面的视图中，弹簧各圈的轮廓应画成直线。

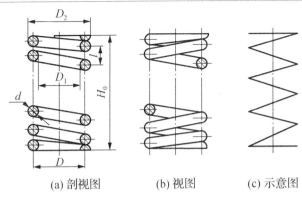

(a) 剖视图   (b) 视图   (c) 示意图

图 6-53   螺旋压缩弹簧的画法

(2) 有效圈数在 4 圈以上的螺旋弹簧，可在每端只画 1~2 圈(支承圈除外)，中间只需用通过簧丝剖面中心的细点画线连起来，还可以适当缩短图形长度。

(3) 螺旋弹簧均可画成右旋，左旋螺旋弹簧不论画成左旋还是右旋，一律要注出旋向"左"字。

(4) 螺旋压缩弹簧，如要求两端合紧且磨平，不论支承圈的圈数多少和末端贴紧情况如何，均按支承圈为 2.5 圈(有效圈是整数)的形式绘制。必要时，也可按支承圈的实际结构绘制。

2. 装配图中弹簧的简化画法

(1) 在装配图中，被弹簧挡住的结构一般不画出，可见部分应从弹簧的外轮廓线或从簧丝剖面的中心线画起。

(2) 在装配图中，型材尺寸较小(直径或厚度在图形上等于或小于 2 mm)的螺旋弹簧、碟形弹簧、片弹簧，允许用示意图绘制。当弹簧被剖切时，也可用涂黑表示，各圈的轮廓线可不画，如图 6-54(b)所示。

(3) 被剖切弹簧的截面尺寸在图形上小于或等于 2 mm，并且弹簧内部还有零件，为了便于表达，可用示意形式表示，如图 6-54(c)所示。

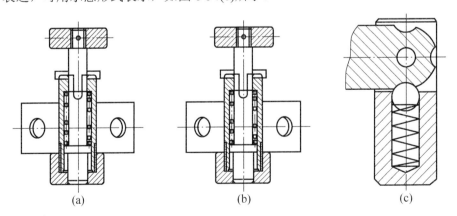

(a)   (b)   (c)

图 6-54   装配图中螺旋弹簧的规定示意形式画法

三、圆柱螺旋压缩弹簧的作图步骤

圆柱螺旋压缩弹簧可画成视图、剖视图或示意图，其作图步骤如图 6-55 所示。

(1) 螺旋弹簧在平行于轴线的投影图中各圈轮廓线画成直线。

(2) 有效圈数在 4 圈以上的弹簧，可以只画出 1～2 圈(支承圈除外)，中间部分可以省略不画，但应画出簧丝中心线。

(3) 有支撑圈时，不论其支撑圈数多少，均按 2.5 圈绘制。

(4) 螺旋弹簧均可画成右旋，但左旋弹簧不论画成左旋还是右旋，一律要注出旋向"左"字。

(a) 根据 D 和自由高作矩形

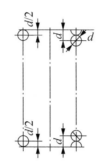

(b) 根据弹簧钢丝直径 d 画出支承圈部分

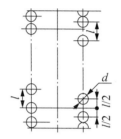

(c) 根据节距 t 画出有效圈部分

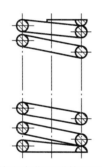

(d) 按右旋方向作出弹簧钢丝断面的公切线

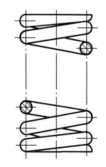

(e) 若不画成剖视图，可按右旋方向作相应圆的公切线，完成弹簧外形图

图 6-55　螺旋压缩弹簧的作图步骤

四、圆柱螺旋压缩弹簧的零件图

图 6-56 所示为圆柱螺旋压缩弹簧零件图。

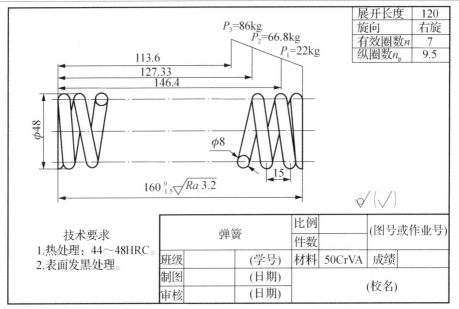

展开长度	120
旋向	右旋
有效圈数 n	7
纵圈数 n_p	9.5

图 6-56　圆柱螺旋压缩弹簧零件图

第七节　绘制滚动轴承 6206 及 M12 的螺栓

知识目标

(1) 掌握"正多边形"命令。

(2) 掌握"镜像"命令。

(3) 掌握"倒角""圆角"命令。

(4) 掌握"延伸"命令。

能力目标

通过螺栓、轴承的绘制，具备根据类型查表，利用 AutoCAD 的相关命令，选择合适的表达方式按规定画法绘制出标准件及常用件图样的能力。

一、工作任务

绘制标准件，其尺寸依据《机械制图》查表得到，灵活运用"正多边形""倒角""圆角""延伸""镜像"命令，选择合适的表达方式，按规定画法画出标准件及常用件的图样。

二、相关知识

1. 正多边形命令

(1) 功能。

正多边形是指由三条或三条以上各边长相等的线段构成的封闭实体。正多边形是绘图中经常用到的一种简单图形。在 AutoCAD 中用户可以利用此命令方便地绘出所需的正多边形，其范围为 3～1024。

(2)　调用命令。

①　绘图工具栏：单击"正多边形"按钮⬠。

②　命令：输入 POLYGON，按回车键。

③　菜单：执行"绘图"→"正多边形"命令。

(3)　操作步骤。

命令：_polygon 输入边的数目 <4>：　　　　　　　*输入正多边形边的数目，回车*
指定正多边形的中心点或 [边(E)]：　　　　　　*用鼠标单击正多边形的中心*
输入选项 [内接于圆(I)/外切于圆(C)] <I>：　*选择用内接于圆或外切于圆绘制正多边形，默认用内接于圆的方法*
指定圆的半径：　　　　　　　　　　　　　　　*输入圆的半径*

(4)　命令行中的有关说明及提示。

①　定边法(E)：系统要求指定正多边形的边数及一条边的两个端点。

②　外接圆法(I)：AutoCAD 要求指定该正多边形外接圆的圆心和半径。通过该外接圆，系统绘制所需的正多边形。

③　内切圆法(C)：AutoCAD 要求指定正多边形内切圆的圆心和半径。通过该内切圆，系统绘制所需要的正多边形。

注意： 外接圆法与内切圆法的区别。

2. 镜像命令

(1)　功能。

在绘图过程中，有时需要绘制完全对称的图形，可以使用镜像命令。

以选定的镜像线为对称轴，生成与编辑对象完全对称的镜像，原来的编辑对象可以删除或保留。

(2)　调用命令。

①　修改工具栏：单击"镜像"按钮◮◭。

②　命令：输入 MIRROR，按回车键。

③　菜单：执行"修改"→"镜像"命令。

(3)　操作步骤。

命令：_mirror
选择对象：找到 1 个　　　　　　　　　　　　　*选择要镜像的对象*
选择对象：找到 1 个，总计 2 个　　　　　　　*选择要镜像的对象*
选择对象：找到 1 个，总计 3 个　　　　　*继续选择要镜像的对象*
选择对象：　　　　　　　　　　　　　　　*回车，结束对象的选择*
指定镜像线的第一点：　　　　　　　　　　*选择镜像线的第一点*
指定镜像线的第二点：　　　　　　　　　　*选择镜像线的第二点*
要删除源对象吗？[是(Y)/否(N)] <N>：*选择是否，系统默认不删除源对象，回车确认。如果要删除源对象，输入 Y，回车*

注意：镜像线可以是实际存在的线段，也可以没有实际线段，而是利用鼠标在绘图平面上
单击任意两点。

3. 圆角命令

(1) 功能。

用指定的半径，对选定的两个对象(直线、圆弧或圆) 或者对整条多段线进行光滑的圆弧连接。

(2) 调用命令。

① 修改工具栏：单击"圆角"按钮 。

② 命令：输入 FILLET，按回车键。

③ 菜单：执行"修改"→"圆角"命令。

(3) 操作步骤。

```
命令: _fillet
当前设置: 模式 = 修剪，半径 = 0.0000
选择第一个对象或 [放弃(U)/多段线(P)/半径(R)/修剪(T)/多个(M)]: r       *输入 R 回车*
指定圆角半径 <0.0000>: 10                              *输入圆角半径 10，回车*
选择第一个对象或 [放弃(U)/多段线(P)/半径(R)/修剪(T)/多个(M)]: *选择倒圆角的第一条边*
选择第二个对象，或按住 Shift 键选择要应用角点的对象:        *选择倒圆角的第二条边*
```

(4) 命令行中的有关说明及提示。

① 多段线(P)：对多段线的所有顶点进行修圆角。

② 半径(R)：确定过渡圆弧的半径。

③ 修剪(T)：设定是否裁剪过渡圆角。

④ 多个(M)：重复多个角的圆弧过渡。

4. 倒角命令

(1) 功能。

对选定的两条相交(或其延长线相交) 直线进行倒角，也可以对整条多段线进行倒角。

(2) 调用命令。

① 修改工具栏：单击"倒角"按钮 。

② 命令：输入 CHAMFER，按回车键。

③ 菜单：执行"修改"→"倒角"命令。

(3) 操作步骤。

```
命令: _chamfer
("修剪"模式) 当前倒角距离 1 = 0.0000，距离 2 = 0.0000 *系统提示当前倒角的距离*
选择第一条直线或 [放弃(U)/多段线(P)/距离(D)/角度(A)/修剪(T)/方式(E)/多个(M)]: d
*输入 D，回车*
指定第一个倒角距离 <2.0000>: 2              *输入第一个倒角距离 2，回车*
指定第二个倒角距离 <2.0000>: 10             *输入第二个倒角距离 10，回车*
选择第一条直线或 [放弃(U)/多段线(P)/距离(D)/角度(A)/修剪(T)/方式(E)/多个(M)]:
*选择要倒角的第一条边*
选择第二条直线，或按住 Shift 键选择要应用角点的直线: *选择要倒角的第二条边*
```

(4) 命令行中的有关说明及提示。

① 多段线(P)：给多段线指定统一的倒角过渡，即多线段的倒角距离一致。

② 角度(A)：确定过渡圆弧的包络角。

③ 修剪(T)：倒角时是否裁剪原来的对象，默认为裁剪。

④ 多个(M)：重复多个角的倒角过渡。

注意：倒角距离 1 和倒角距离 2 要与倒角的边对应。

5. 延伸命令

(1) 功能。

将选中的对象(直线、圆弧等) 延伸到指定的边界。

(2) 调用命令。

① 修改工具栏：单击"延伸"按钮 --/ 。

② 命令：输入 EXTEND，按回车键。

③ 菜单：执行"修改"→"延伸"命令。

(3) 操作步骤

```
命令：_extend
当前设置：投影=UCS，边=延伸
选择边界的边...
选择对象或 <全部选择>：                              *选择需要延伸的圆*
选择对象：                                         *回车，结束对象的选择*
选择要延伸的对象，或按住 Shift 键选择要修剪的对象，或
[栏选(F)/窗交(C)/投影(P)/边(E)/放弃(U)]：            *选择靠近圆一侧的直线*
选择要延伸的对象，或按住 Shift 键选择要修剪的对象，或
[栏选(F)/窗交(C)/投影(P)/边(E)/放弃(U)]：            *选择靠近圆一侧的圆弧*
选择要延伸的对象，或按住 Shift 键选择要修剪的对象，或
[栏选(F)/窗交(C)/投影(P)/边(E)/放弃(U)]：            *回车*
```

注意：延伸命令和修剪命令须对应理解，相同点都是先选择边界线。

三、任务实施

1. 绘制滚动轴承 6206

第一步　设置图形界限。

第二步　创建图层。

第三步　设置对象捕捉。

第四步　对称图形先绘制一半，如图 6-57 所示。

第五步　利用镜像绘制下一半，调用镜像命令 mirror 来完成。

```
命令：_mirror
选择对象：                          *指定对角点，将对象全部选中*
找到 6 个对象
选择对象：                          *回车，表示结束选择*
指定镜像线的第一点：                  *指定镜像线的第一点*
```

指定镜像线的第二点：   *指定镜像线的第二点*
要删除源对象吗？[是(Y)/否(N)] <N>：   *回车*

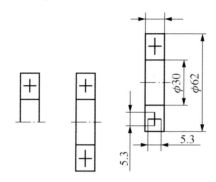

图 6-57　滚动轴承

2. 绘制 M12 的螺栓

第一步　设置图形界限。

第二步　创建图层。

第三步　设置对象捕捉。

第四步　绘制俯视图。首先绘制一个半径为 12 的圆，然后画六边形，如图 6-58 所示。

命令：_polygon
输入边的数目 <6>：   *输入 6，回车*
指定正多边形的中心点或 [边(E)]：   *用鼠标指定中心*
输入选项 [内接于圆(I)/外切于圆(C)] <c>：   *输入 C，回车*
指定圆的半径：   *输入 12，回车*

第五步　利用"旋转"命令调整。

命令：_rotate
UCS 当前的正角方向：   *ANGDIR=顺时针　ANGBASE=0*
选择对象：找到 1 个。   *选择要旋转的对象*
选择对象：   *回车结束*
指定基点：   *指定中心为基点*
指定旋转角度，或 [复制(C)/参照(R)] <0>：   *输入-30，回车*

第六步　绘制主视图，最后倒角。

命令：_chamfer
("修剪"模式) 当前倒角距离 1 = 2.0000，距离 2 = 2.0000
选择第一条直线或 [放弃(U)/多段线(P)/距离(D)/角度(A)/修剪(T)/方式(E)/多个(M)]：
                          输入 d，回车
指定第一个倒角距离 <2.0000>：   *输入 1.2，回车*
指定第二个倒角距离 <1.2000>：   *输入 1.2，回车*
选择第一条直线或 [放弃(U)/多段线(P)/距离(D)/角度(A)/修剪(T)/方式(E)/多个(M)]：
                          单击角的第一条边
选择第二条直线，或按住 Shift 键选择要应用角点的直线： *单击角的第二条边*
右击鼠标，重复倒角命令
选择第一条直线或 [放弃(U)/多段线(P)/距离(D)/角度(A)/修剪(T)/方式(E)/多个(M)]：
                           单击另一个角的第一条边

选择第二条直线，或按住 Shift 键选择要应用角点的直线：*单击另一个角的第二条边*

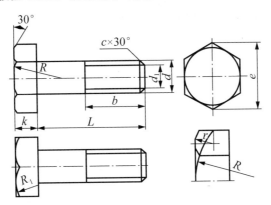

图 6-58 M12 螺栓的规定画法

第七章 零 件 图

第一节 零件图的作用和内容

　　任何机器都是由若干零部件按一定的装配关系和技术要求组装起来的，因此零部件是组成机器的基本单位。表示单个零件的图样，称为零件图。零件图是制造零件和检验零件的依据，是指导生产机器零件的重要技术文件之一。一张完整的零件图(见图 7-1)应包括下列基本内容。

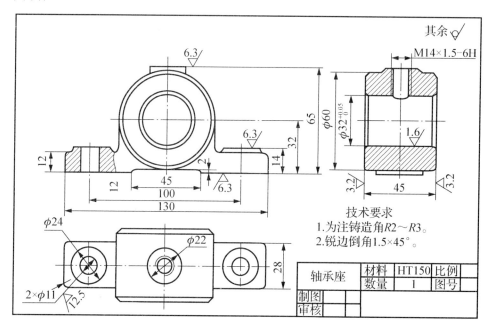

图 7-1　轴承座的零件图

　　(1) 一组图形。

　　用一组恰当的视图、剖视图或断面图等，正确、完整、清晰地将零件各部分的结构形状表达出来。

　　(2) 完整的尺寸。

　　正确、完整、清晰、合理地标注制造零件和检验零件所需的全部尺寸。

　　(3) 技术要求。

　　制造、检验零件所达到的技术要求，如表面粗糙度、尺寸公差、形位公差、热处理及表面处理等。

　　(4) 标题栏。

　　在图纸的右下角有标题栏，填写零件的名称、数量、材料、比例、图号以及设计、绘图人员的签名等。

第二节　零件的分类与结构分析

零件的形状虽然千差万别，但根据其在机器(部件)中的作用和形体特征，通过比较、归纳，仍可大致将其划分为轴套类、盘盖类、箱体类、叉架类几种类型。

一、轴套类零件

轴套类零件包括各种轴、丝杠、套筒等。轴常为锻件或用圆钢加工而成，套类常为铸件或用圆钢加工而成；主要加工过程是在车床上进行的。轴类零件的作用主要是承装传动件(齿轮、带轮等)及传递动力。

轴类零件一般是由同一轴线不同直径的圆柱体(或圆锥体)构成，如图 7-2 所示。

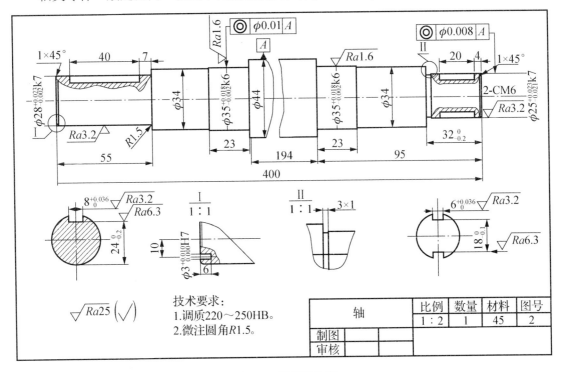

图 7-2　轴类零件图

轴类零件一般都在车床上加工。根据其结构特点及主要工序的加工位置为水平放置，用一个基本视图——主视图来表达轴的整体结构。一般设有键槽、定位面、越程槽(退刀槽)、挡圈槽、销孔、螺纹、倒角以及中心孔等工艺结构。对轴上的键槽、销孔等结构，一般采用断面图或局部剖视图表述；对越程槽则采用局部放大图表述。尺寸标注：公差配合与表面粗糙度、形位公差及其他技术要求。

二、盘盖类零件

盘盖类零件有法兰盘、端盖、压盖等，一般为圆盘形。这类零件的主要作用是轴向定位和防尘密封，如图 7-3 所示。

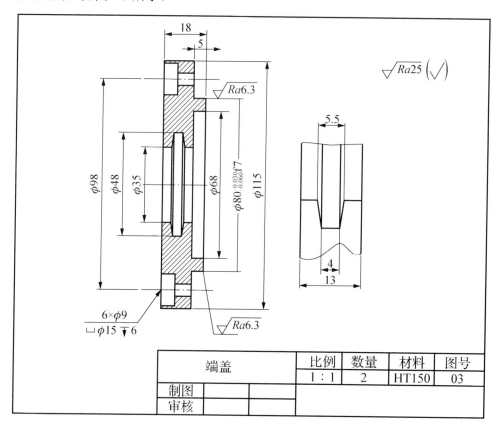

图 7-3 端盖零件图

　　这类零件一般在车床上加工，在选择主视图时常将轴线水平放置。为使内部结构表达清楚，一般采用剖视。为表达盘上各孔的分布情况，往往还需选取一端面视图。对细小结构则采用局部放大图表达。尺寸标注：盘类零件以径向尺寸基准为轴线。在标注各圆柱体直径时，一般标注在投影为非圆的视图上。轴向尺寸以结合面为主要基准。

三、叉架类零件

　　叉架类零件主要起操纵、支承作用，如拨叉、连杆、支架、轴承座、吊架等，多为铸件或锻件。图 7-4 所示为支架零件图。这类零件的主要尺寸是支承孔的定位尺寸。尺寸标注：支架的 170 ±0.1，是以安装面为基准标注的，这是设计时根据所要支承的轴的位置确定的。对于与支承孔有联系的其他结构，如顶部凸台面的位置尺寸 52，则以支承孔轴线为辅助基准标注。支架的安装面既是设计基准又是工艺基准，因此对加工要求较高，表面粗糙度 Ra 的上限值一般为 6.3 μm。加工支承孔时定位面(支承孔的后端面)也应按 6.3 μm 加工。支承孔应标注配合尺寸，并给出它对安装面的平行度要求。

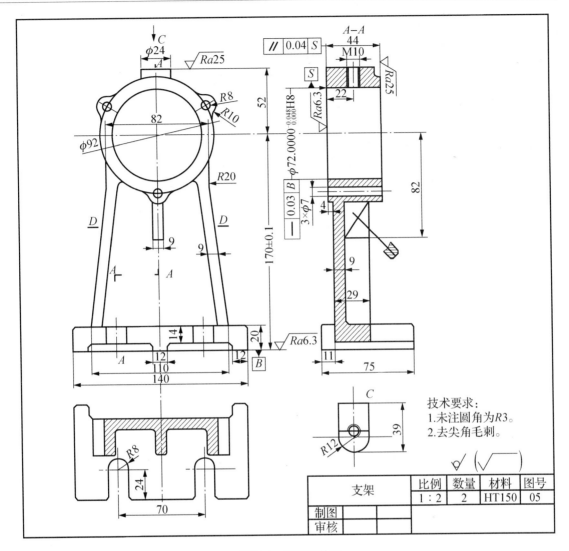

图 7-4 支架零件图

四、箱体类零件

箱体类零件是机器(或部件)的主要零件，如图 7-5 所示。例如，各种机床的床头箱的箱体，减速器箱体、箱盖，油泵泵体，车、铣床尾架体等，种类繁多，结构形式千变万化，在各类零件中是最为复杂的一类，往往须用多个视图、剖视以及其他表达方法表达。
尺寸标注：这类零件由于结构较复杂，尺寸较多，要充分运用形体分析法进行尺寸标注。
技术要求：公差配合与表面粗糙度；形位公差。

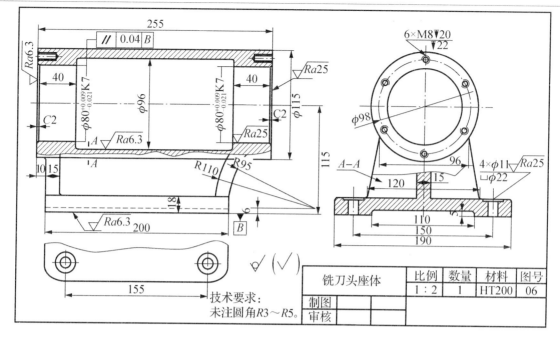

图 7-5　铣刀头座体零件图

第三节　零件图的视图选择和尺寸标注

一、零件图的视图选择

零件图的视图选择是根据零件的结构形状、加工方法以及零件在机器(部件)中所处的位置等因素的综合分析来确定的。为了将零件表达得正确、完整、清晰、合理，应认真考虑主视图的选择，以及视图数量和表达方法的选择。

1. 主视图的选择

主视图是一组图形的核心。主视图的选择影响到其他图形的位置与数量的确定，也影响到看图与画图是否方便。因此，在选择主视图时，一般应按以下原则综合考虑。

(1) 形状特征原则。

选择主视图时，应将最能显示零件各组成部分的形状和相对位置(结构)的方向作为主视图投射方向[见图 7-6(a)]。

(2) 工作位置原则。

主视图的选择应与零件在机器或部件中工作时的位置一致[见图 7-6(a)和图 7-6(b)]，如支架、箱体类零件。

(3) 加工位置原则。

零件在主要工序中加工时的位置[见图 7-6(c)]，如轴、套、轮、圆盘等零件。

(4) 自然安放位置原则。

零件的工作及加工位置都不固定[见图 7-6(d)]，如叉、杆等零件。

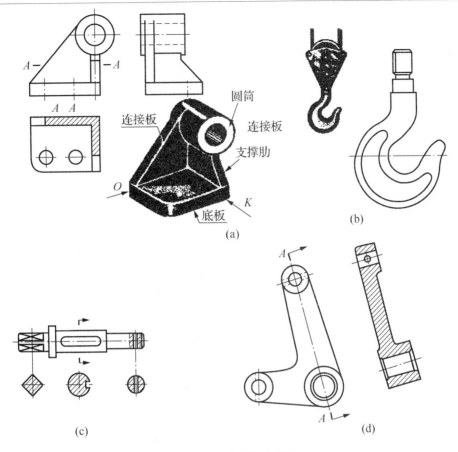

图 7-6　零件和各个视图

2. 其他视图的选择

零件的主视图确定后，如果没有表达清楚结构和形状，就必须选择其他视图，包括剖视图、断面图、局部放大图和简化画法等表达方法。画图选用原则：在完整、清晰地表达零件的内、外结构形状的前提下，尽量减少视图数量，以方便画图和读图。

在确定其他图形表达方法及数量时应注意以下两点。

① 所选视图应具有独立存在的意义，而且立足于读图方便。

② 视图上虚线的取舍，应视其有无存在的必要。

二、零件图的尺寸标注

零件图中标注的尺寸是加工和检验零件的重要依据。在组合体的尺寸标注中，曾提出标注尺寸要正确、完整、清晰。对于零件图，除了要满足上述要求外，还必须使标注的尺寸合理，既符合设计要求，又符合工艺要求。下面介绍一些合理标注尺寸的基础知识。

1. 零件图的尺寸基准

标注或度量尺寸的起点称为尺寸基准。零件的长、宽、高三个方向都有一个主要的尺寸基准，在同一方向还有辅助基准，如图 7-7 所示。标注尺寸时要合理地选择尺寸基准，从基准出发标注定位、定形尺寸。

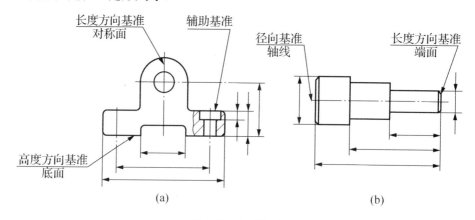

图 7-7　尺寸基准

(1)　线基准。

线基准一般为轴、孔的轴心线，对称中心线，棱柱体主要的棱线等。

(2)　面基准。

面基准一般为零件的安装地面、主要的加工面、两零件的结合面、零件的对称中心面、端面、轴肩面等。

在确定基准时，要考虑设计要求和便于加工、测量，为此有设计基准和工艺基准之分。

(1)　设计基准。

根据零件的结构和设计要求而选定的基准叫作设计基准。图 7-7(a)所示为轴承座底平面为安装面，支承孔的中心高度应根据这一平面来确定。因此，它是高度方向的设计基准。图 7-8 所示的阶梯轴的轴线为径向尺寸的设计基准。这是考虑到轴在部件中要同齿轮类零件的孔或轴承孔配合，装配后应保证两者同轴，所有轴和轮类零件的轴线一般确定为设计基准。

(2)　工艺基准。

为便于加工和测量而选定的基准叫作工艺基准。如图 7-8 所示的阶梯轴，在车床上加工时，车刀每一次车削的最终位置都是以右端面为起点来测定的。因此，右端面为轴向尺寸的工艺基准。

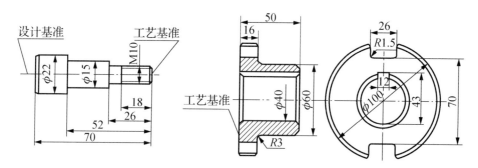

图 7-8　轴、盘设计与工艺基准

在加工轴、套、轮、圆盘等零件的回转面时，其尺寸是以车床主轴轴线为基准来测定的，如图 7-8 所示。因此，这类零件的轴线都是工艺基准(设计基准和工艺基准重合)。

零件的长、宽、高三个方向，每一个方向至少应有一个基准，即主要基准(一般为设计基准)。为了加工、测量方便，往往还要选择一些辅助基准(一般为工艺基准)。辅助基准应与主要基准具有尺寸联系。零件图中的主要尺寸应尽量从主要基准出发，直接标注，以便在加工时给予保证，如图 7-9 中的支架孔的中心高"a"和安装孔中心距"l"标注成"c"和"e"是错误的)。

2. 零件的重要尺寸应直接标注

凡是与其他零件有配合关系的尺寸，确定结构形状的位置尺寸，影响零件工作精度和工作性能尺寸等，都是重要尺寸。重要尺寸直接标注，在制造加工时容易得到保证，不至于受积累误差的影响，如图 7-9(a)中的尺寸所示。

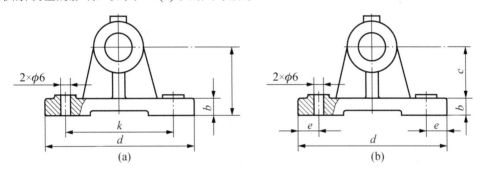

图 7-9 主要尺寸应直接注出

3. 不能注成封闭的尺寸链

尺寸常用的标注形式(见图 7-10)有并列注法、串列注法和综合注法。但要注意，不能标注成封闭的尺寸链[见图 7-11(a)]，若尺寸 A 比较重要，则尺寸 A 将受到尺寸 B、C 的影响而难以保证，所以不能注成封闭尺寸链。解决方法：将不重要的尺寸 B 去掉，这样，尺寸 A 也就不会受尺寸 C 的影响，尺寸 A、C 的误差都可积累到不标注尺寸的部位上，如图 7-11(b)所示。

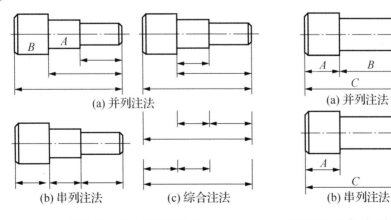

图 7-10 尺寸的标注形式　　图 7-11 不标注封闭的尺寸链

4. 按加工工艺标注尺寸

图 7-12 所示是滑动轴承的下轴衬，其外圆与内孔是与上轴衬对合起来加工的。因此，轴衬上的半圆尺寸要以直径形式标注。

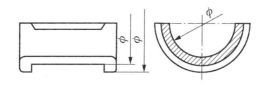

图 7-12　下轴衬的尺寸标注图

第四节　零件图上的技术要求

根据国家标准《产品几何技术规范(GPS)技术产品文件中表面结构的表示法》(GB/T 131—2006)中对技术产品图样表面结构表示法的具体规定，零件图上的技术要求也与以前不同。

该标准的修订，在表面结构技术领域建立了一个更加完整、明确和先进的图样标注体系。零件在加工过程中存在尺寸误差、形状和位置误差，为保证零件的使用要求，除了对零件的尺寸、形状和位置给出公差要求外，还要根据产品的功能对零件的表面结构给出要求，表面结构包括表面粗糙度、表面波纹度、表面缺陷、表面纹理和表面几何形状。下面介绍零件图的技术要求的有关内容及标注方法。

一、表面结构

1. 基本概念

在机械加工过程中，刀具或砂轮切削后会留下刀痕，同时由于机床振动会在被加工零件的表面产生微小的峰谷，在放大镜或显微镜下观察都能看到凹凸不平的痕迹。这些微小峰谷的高低程度和间距大小综合起来称为表面粗糙度。表面粗糙度是评定零件表面质量的一项重要技术指标，对零件的使用、外观和零件的加工成本都有重要的影响。表面粗糙度、表面波纹度以及表面几何形状总是同时生成并存在于同一表面，如图 7-13 所示。

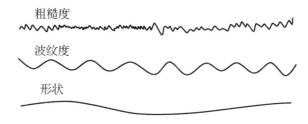

粗糙度

波纹度

形状

图 7-13　粗糙度、波纹度和形状误差

对表面结构有要求时的表示法涉及下面的参数。

(1) 轮廓参数，由《产品几何技术规范表面结构 轮廓法 术语、定义及表面结构参数》(GB/T 3505—2009)定义：R 轮廓(粗糙度参数)，W 轮廓(波纹度参数)，P 轮廓(原始轮廓参数)。

(2) 图形参数由国家标准《产品几何技术规范(GPS)表面结构 轮廓法 图形参数》(GB/T 18618—2009)定义：粗糙度图形，波纹度图形。

(3) 支承率曲线参数由国家标准《产品几何技术规范(GPS)表面结构 轮廓法 具有复合加工特征的表面 第 2 部分：用线性化的支承率曲线表征高度特性》(GB/T 18778.2—2003 和《产品几何技术规范(GPS)表面结构 轮廓法具有复合加工特征的表面第 3 部分：用概率支承率曲线表征高度特性》(GB/T 18778.3—2006)定义。

为了满足零件表面不同的功能要求，国家标准根据表面微观几何形状的高度、间距和形状等特征规定了相应的评定参数。在机械图样中，常用的评定参数是轮廓参数。下面主要介绍轮廓参数中的两个高度参数 Ra 和 Rz。

轮廓算术平均偏差 Ra 在取样长度内轮廓偏距绝对值的算术平均值，称为轮廓算术平均偏差，用 Ra 表示，如图 7-14 所示。可以近似表示为

$$Ra = 1/l \int_O^l z(x) \mathrm{d}x$$

(a) 加工表面的峰、谷

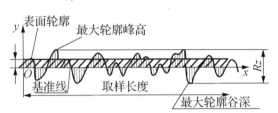

(b) 形成零件表面水平偏差

图 7-14　表面粗糙度

表 7-1 所示为国家标准规定的表面粗糙度参数(Ra)，其值越小，零件的表面质量要求越高；值越大，零件的表面质量要求越低。

表 7-1　表面粗糙度参数

单位：μm

轮廓算术平均偏差	数　值			
	0.012	0.2	3.2	
	0.025	0.4	6.3	50
Ra	0.05	0.8	12.5	100
	0.1	1.6	25	

2. 标注表面结构的图形符号

(1) 图形符号的类型及意义。

在技术产品文件中对表面结构的要求可用几种不同的图形符号表示，每种符号都有特定的含义。基本图形符号和扩展图形符号(加一个短横和加一个小圆)如表 7-2 所示。

表 7-2　图形符号的类型和意义

符　号	意义及说明
√	基本符号，未指定工艺方法的表面。当不加注粗糙度参数值或有关说明时，仅用于简化代号标注

续表

符　号	意义及说明
	扩展图形符号，表示表面是用去除材料的方法获得，如车、铣、钻、磨、剪切、抛光、腐蚀、电火花加工等
	扩展图形符号，表示表面是用不去除材料的方法获得，如铸、锻、冲压变形、热轧、冷轧、粉末冶金等，也可用于表示保持上道工序形成的表面

当要求标注表面结构特征的补充信息时，应在表 7-2 所示的图形符号的长边上加一横线，如图 7-15 所示。

(a) 允许任何工艺(APA)　　(b) 去除材料(MRR)　　(c) 不去除材料(NMR)

图 7-15　完整图形符号

(2)　表面结构要求的图形符号的注写位置。

为了明确表面结构要求，除了标注表面结构参数和数值外，必要时还应标注补充要求。补充要求包括传输带、取样长度、加工工艺、表面纹理及方向、加工余量等。这些要求在图形符号中的注写位置如图 7-16 所示。

如图 7-16 所示，位置 a 表示单一表面的单一要求(表面结构参数代号、极限值和传输带或取样长度)，位置 a 和 b 表示两个或多个表面结构要求，位置 c 表示加工方

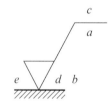

图 7-16　补充要求的注写位置(a~e)

法、表面处理涂层或其他加工工艺要求等(如车、磨、镀等加工表面)，位置 d 表示加工纹理和方向，位置 e 表示加工余量(单位为 mm，旧标准的评定参数数值写在三角形横线上方)。

(3)　图形符号的比例和尺寸。

表面结构要求图形符号的画法如图 7-17 所示，其具体尺寸如表 7-3 所示。

3. 表面结构要求在图样和其他技术产品文件中的注法

表面结构要求对每一表面一般只标注一次，并尽可能标注在相应的尺寸及其公差的同一视图上。应标注在轮廓线、尺寸线、尺寸界线或引出线上，尽量标注在有关的尺寸线附近。所标注的表面结构要求是完工零件表面的要求。

(1)　表面结构的注写和读取方向与尺寸的注写和读取方向一致。

(2)　表面结构要求可标注在轮廓线上，其符号应从材料外指向并接触表面。必要时，表面结构符号也可用带箭头或黑点的指引线引出标注。

(3)　在不致引起误解时，表面结构要求可标注在给定的尺寸线上。

(4)　同一表面上表面结构要求不同的标注法时，需用细实线画出其分界线，并标出相应的表面结构要求和尺寸，如图 7-18 所示。

(5)　表面结构要求可标注在形位公差框格上方，如图 7-19 所示。

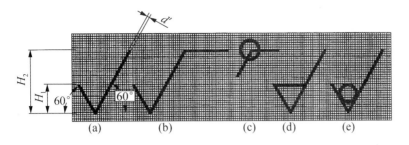

$d'=\dfrac{1}{10}h$
$H_1=1.4h$
$H_2=2h$
h为字体高度

图 7-17　图形符号

表 7-3　数字、字母和图形符号的尺寸

单位：mm

数字和字母高度 h (见 GB/T 14690—1993)	2.5	3.5	5	7	10	14	20
符号线宽 $d'\left(\dfrac{1}{10}h\right)$	0.25	0.35	0.5	0.7	1	1.4	2
字母线宽 $d\left(\dfrac{1}{10}h\right)$							
高度 $H_1(1.4h)$	3.5	5	7	10	14	20	28
高度 H_2(最小值)*	7.5	10.5	15	21	30	42	60

注*：H_2取决于标准内容，为 $2h$。

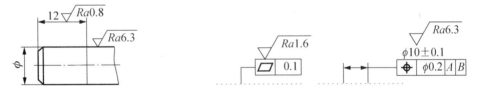

图 7-18　同一表面上表面结构要求不同的注法　　图 7-19　表面结构要求标注在形位公差框格上方

(6) 圆柱和棱柱表面的表面结构要求只标注一次，如图 7-20(a)所示。如果每个棱柱表面有不同的表面结构要求，应分别单独标注，如图 7-20(b)所示。

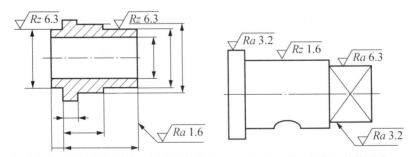

(a) 表面结构要求标注在圆柱特征的延长线上　　(b) 圆柱和棱柱的表面结构要求

图 7-20　圆柱和棱柱表面结构要求标注

(7) 如果在工件的多数(包括全部)表面有相同的表面结构要求，则其表面结构要求可统一标注在图样的标题栏附近。此时(除全部表面有相同要求的情况外)，表面结构要求的符号后面应有：在圆括号内给出无任何其他标注的基本符号；在圆括号内给出不同的表面结构要求，如图 7-21 所示。

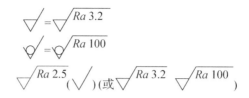

图 7-21　表面结构要求相同、简化和省略标注

(8)　可用带字母的完整符号以等式的形式在图形或标题栏附近对有相同表面结构要求的表面进行简化标注，如图 7-22 所示。

图 7-22　用字母的简化标注法

(9)　零件上连续表面及重复要素(孔、槽、齿等)的表面(见图 7-23)，可用细实线连接。

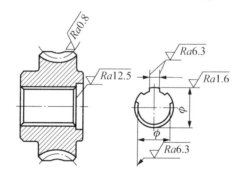

图 7-23　连续表面及重复要素的表面结构要求注法

(10) 键槽工作面、倒角、圆角、中心孔的工作表面的表面结构要求，可以简化标注，如图 7-24 所示。

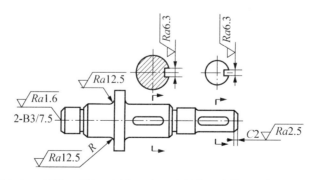

图 7-24　键槽、倒角、圆角、中心孔的表面结构要求简化标注法

二、公差与配合

1. 公差

零件在加工制造过程中，尺寸不可能做得绝对准确，在满足零件性能要求的条件下，允许尺寸的变动量称为尺寸公差，简称公差。下面介绍公差的有关术语，如图 7-25 所示。

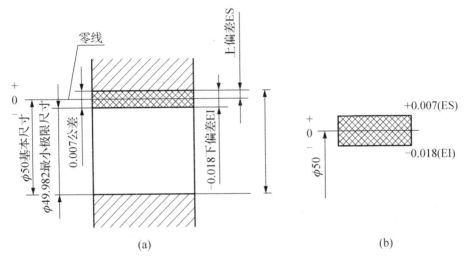

图 7-25　尺寸公差术语解释

(1)　基本尺寸(公称尺寸)：设计尺寸 $\phi 50$。

(2)　实际尺寸：通过测量获得的某一孔、轴的尺寸。

(3)　极限尺寸：一个孔或轴允许的尺寸的两个极限值。

①　上极限尺寸(最大极限尺寸)：孔或轴允许的最大尺寸(50+0.07)。

②　下极限尺寸(最小极限尺寸)：孔或轴允许的最小尺寸(50-0.018)。

(4)　尺寸偏差：某一尺寸减去其基本尺寸所得的代数差。尺寸偏差有上偏差和下偏差。上偏差=最大极限尺寸-基本尺寸，下偏差=最小极限尺寸-基本尺寸；上、下偏差统称为极限偏差。

国家标准规定，孔的上、下偏差代号分别用 ES、EI 表示，轴的上、下偏差代号分别用 es、ei 表示。

尺寸公差：允许尺寸的变动量，简称公差。

(5)　尺寸公差=最大极限尺寸-最小极限尺寸=上偏差-下偏差。

(6)　公差带：在公差带图(见图 7-26)中，由代表上偏差和下偏差的两条直线所限定的一个区域。该区域由公差大小和相对零线的位置来确定。

(7)　零线：在极限与配合图中，表示基本尺寸的一条直线，以其为基准，确定偏差和公差。通常，零线沿水平方向绘制，正偏差位于其上方，负偏差位于其下方。

(8)　标准公差与公差等级：国家标准规定的极限与配合制中，用以确定公差带大小的任一公差称为标准公差。

本书附录列出了不同级别的标准公差数值。国家标准规定的标准公差等级是确定尺寸精确程度的等级，分为 20 个级别，即 IT01、ITO、IT1、IT2、IT3、…、IT18。IT 表示标准公差，IT 后的数字表示公差等级，01 级的公差值最小，精度最高，其余依次降低。

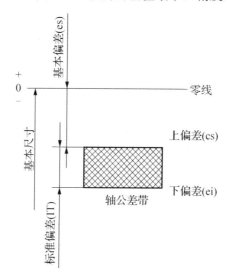

图 7-26　公差带图

(9)　基本偏差：在国家标准规定的极限与配合制中，确定公差带相对(靠近)零线位置的那个极限偏差。基本偏差系列示意如图 7-27 所示。

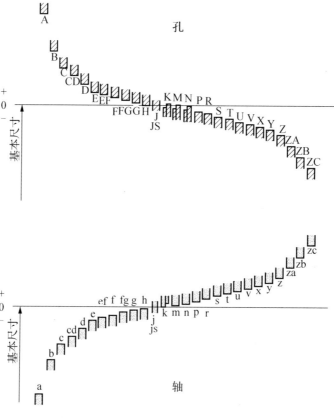

图 7-27　基本偏差系列示意图

　　基本偏差代号用拉丁字母表示，孔用大写字母，轴用小写字母。轴、孔各有 28 个偏差代号。基本偏差系列图只表示公差带靠近零线一端的位置，所以画成半封闭形式，公差带另一端的位置取决于各级标准公差的大小。因此，根据孔、轴的基本偏差和标准公差就可以计算出孔、轴的另一个极限偏差。

　　在实际工作中，用计算方法求另一偏差很麻烦。因此，国家标准中列出了优先选用的孔、轴的极限偏差表(见附录 C)，只要知道基本尺寸和公差带代号，就能查出孔、轴的两个极限偏差值。

　　(10) 公差带代号：孔、轴公差带的代号由基本偏差代号与标准公差等级代号组成。例如 $\phi 30H7$ 因 H 是大写，故尺寸应注在孔的零件图中，其中 $\phi 30$ 为孔的基本尺寸，H 为基本偏差代号，7 为标准公差等级代号。从附录 C 中可以查出孔 $\phi 30H7$ 上下偏差值应为 +0.021、0，即尺寸为 $\phi 30_{0}^{+0.021}$。

　　$\phi 40f7$ 因 f 是小写，故此尺寸应标注在轴的零件图中，其中 $\phi 40$ 为轴的基本尺寸，f 为基本偏差代号，7 为标准公差等级代号。从附录 C 中可以查出轴 $\phi 40f7$ 上下偏差值应为 -0.025、-0.050，即尺寸为 $\phi 40_{-0.050}^{-0.025}$。

2. 配合

　　配合是指基本尺寸相同且相互结合的孔和轴公差带之间的关系。

　　(1) 配合种类。

　　根据使用要求不同，配合有松有紧。孔的实际尺寸大于轴的实际尺寸，就会产生间隙；孔的实际尺寸小于轴的实际尺寸，就会产生过盈。因此，配合分为以下三种类型(见图 7-28)。

　　① 间隙配合：是指具有间隙(包括最小间隙为零)的配合。此时，孔的公差带在轴的公差带之上。

　　② 过渡配合：是指可能具有间隙也可能具有过盈的配合。此时，孔的公差带和轴的公差带相互交叠。

　　③ 过盈配合：是指具有过盈(包括最小过盈为零)的配合。此时，孔的公差带在轴的公差带之下。

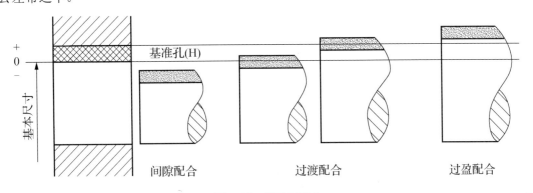

图 7-28　基孔制配合

　　(2) 配合制。

　　同一极限制的孔和轴组成配合的一种制度。国家标准中规定了基孔制和基轴制两种基准制。

① 基孔制。基本偏差为一定的孔的公差带，与不同基本偏差的轴的公差带形成各种配合的一种制度。

在基孔制配合中选作基准的孔称基准孔，基本偏差代号为 H，其下偏差为 0。在国家标准规定的极限与配合制中，即下偏差为零的孔，基孔制中 a～h 用于间隙配合，j～n 用于过渡配合，p～zc 用于过盈配合。

② 基轴制。基本偏差为一定的轴的公差带，与不同基本偏差的孔的公差带形成各种配合的一种制度，如图 7-29 所示。

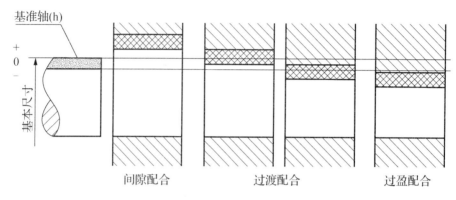

图 7-29　基轴制配合

在基轴制配合中选作基准的轴称为基准轴，在国家标准规定的极限与配合制中，即上偏差为零的轴，基本偏差代号为 h，基轴制中 A～H 用于间隙配合，J～N 用于过渡配合，P～ZC 用于过盈配合。由于轴的加工比孔容易，因此一般优先选用基孔制配合。在某些情况下，如一根等直径的轴上需同时装配几个不同配合性质的孔时，应采用基轴制配合。

(3) 配合代号。

配合代号由孔和轴的公差代号组合而成，写成分式形式，分子为孔的公差代号，分母为轴的公差代号。若分子为 H，表示基孔配合制；若分母为 h，表示基轴配合制；若分子分母同为 H(h)，根据基孔制优先原则，考虑是基孔配合制。

例如，代号 ϕ30 H7/f6，是相互配合的轴和孔。公称尺寸 ϕ30，基孔配合制度，孔的基本偏差为 H，标准公差 IT7 级，轴的基本偏差为 f，标准公差 IT6 级。

3. 公差与配合的标注方法

(1) 零件图中的标注。

在零件图中有三种标注公差的方法：一是标注公差带代号；二是标注极限偏差；三是同时标注公差带代号和极限偏差，如图 7-30 所示。

(2) 装配图中的标注。

在装配图中一般标注配合代号或分别标出孔和轴的极限偏差。标注配合代号时，必须在基本尺寸的后边用分数的形式注出。分子为孔的公差带代号，分母为轴的公差带代号，如图 7-31(a)所示。必要时，允许按图 7-31(b)或图 7-31(c)所示的形式标注。

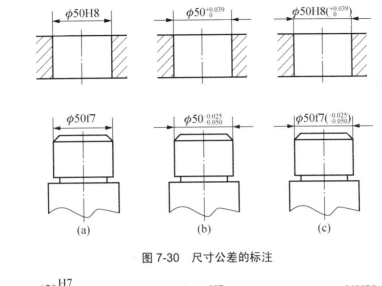

图 7-30　尺寸公差的标注

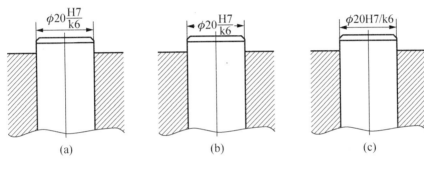

图 7-31　配合代号的标注

三、形状和位置公差

1. 形状和位置公差(简称形位公差)的概念

零件加工时不但尺寸有误差,几何形状和相对位置也会有误差。为了满足使用要求,零件的几何形状和相对位置由形状公差和位置公差来保证。

2. 几何特征和符号

国家标准规定的形位公差的分类、项目及符号如表 7-4 所示。各特征项目的公差带定义可查《产品几何技术规范(GPS)几何公差形状、方向、位置和跳动公差标注》(GB/T 1182—2008)。

表 7-4　形位公差的分类、项目及符号

公差	特征项目	符号	有或无基准要求	公差	特征项目	符号	有或无基准要求
形状公差	直线度	——	无	位置公差	位置度	⊕	有或无
	平面度	▱	无		同心度(用于中心点)	◎	有
	圆度	○	无				

续表

公差	特征项目	符号	有或无基准要求	公差	特征项目	符号	有或无基准要求
形状公差	圆柱度	⌭	无	位置公差	同轴度(用于轴度)	◎	有
	线轮廓度	⌒	有或无		对称度	⹀	有
	面轮廓度	⌓	有或无				
方向公差	平行度	∥	有		线轮廓度	⌒	有
	垂直度	⊥	有		面轮廓度	⌓	有
	倾斜度	∠	有	跳动公差	圆跳动	↗	有
	线轮廓度	⌒	有		全跳动	↗↗	有
	面轮廓度	⌓	有				

3. 形位公差的标注

(1) 形位公差框格及其内容。

用公差框格标注公差时，公差要求注写在划分成两格或多格的矩形框内。各框格自左向右标注以下内容。

① 形位公差符号。

② 公差值。

② 基准。

形位公差框格用细实线绘制，要水平或垂直放置，框格的高度是图样和框格中尺寸数字高度的 2 倍，如图 7-32(a)所示。

(2) 被测要素和基准要素的标注方法。

标注位置公差的基准要用基准代号，基准代号的画法如图 7-32(a)所示。标注时应注意以下几点。

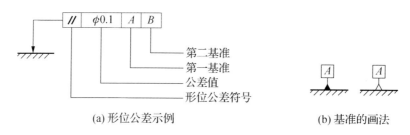

(a) 形位公差示例   (b) 基准的画法

图 7-32　形位公差框格、符号、数字、基准的画法

① 当被测要素(或基准要素)为线或表面时，指引线箭头(或基准符号)应指在(靠近)该要素的轮廓线或其延长线上，并明显地与尺寸线错开，如图 7-33 及图 7-34 所示。

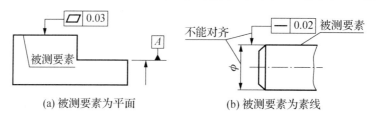

(a) 被测要素为平面   (b) 被测要素为素线

图 7-33　被测要素为轮廓线或表面时的标注方法

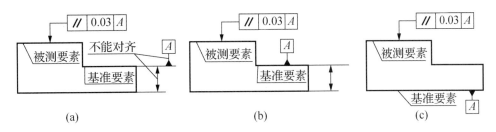

图 7-34 基准要素为表面时的标注

② 箭头也可指向引线的水平线，引出线引自被测面(见图 7-35)。

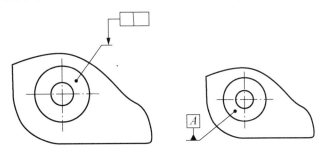

图 7-35 被测要为孔或槽时的标注

③ 当公差测及要素(或基准要素)的中心线、中心面或中心点时，箭头(或基准符号)应位于相应尺寸线的延长线上，如图 7-36 及图 7-37 所示。

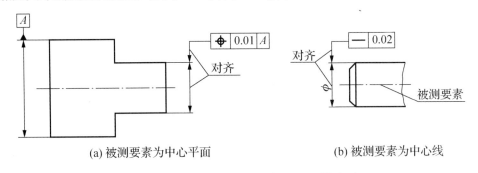

(a) 被测要素为中心平面　　　　(b) 被测要素为中心线

图 7-36 被测要素为轴线或中心平面时的标注

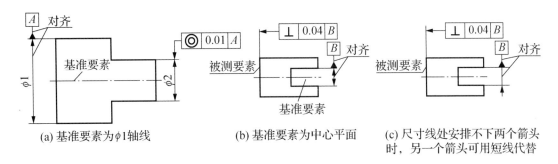

(a) 基准要素为φ1轴线　　(b) 基准要素为中心平面　　(c) 尺寸线处安排不下两个箭头时，另一个箭头可用短线代替

图 7-37 基准要素为轴线或中心平面时的标注方法

四、形位公差综合标注示例

下面以图 7-38 中标注的各形位公差为例，对其含义做出解释。

① SR750 的球面对 ϕ16f7 轴线的圆跳动公差不大于 0.03 mm。

② ϕ16f7 圆柱体的圆柱度公差不大于 0.005 mm。

③ M8×1 螺孔的轴心线对 ϕ16f7 轴心线的同轴度公差不大于 ϕ0.1 mm。

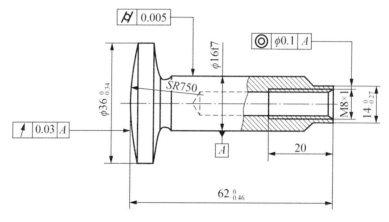

图 7-38 形位公差标注示例

第五节 读零件图

读零件图的目的是了解零件名称、材料和用途，分析视图，想象出零件的结构形状及作用；分析尺寸，了解各组成部分的大小及相对位置，以及分析了解制造零件的有关技术要求。现以图 7-39 所示的零件图为例，叙述读零件图的方法和步骤。

1. 读标题栏

从标题栏中知道零件的名称是液压缸的缸体，用来安装活塞、缸盖和活塞杆等零件，缸体的材料为铸铁、牌号 HT200，属于箱体类零件。

2. 分析视图、想象结构形状

缸体零件图采用了三个基本视图，主视图是全剖视图，表达缸体内腔结构形状，内腔的右端是较大的非工作内回转面，ϕ8 mm 的凸台起到限定活塞工作位置的作用，上部左、右两个螺孔是连接油管所在凸台的形状。左视图采用 A—A 半剖视图和局剖视图，表达了连接缸盖螺孔的分布和底板上的沉头孔。

3. 分析形体

首先利用形体分析法将零件按功能分解为主体、安装、连接等几个部分；然后明确每部分在各个视图中的投影范围与各部分之间的相对位置；最后仔细分析每部分的形状和作用。

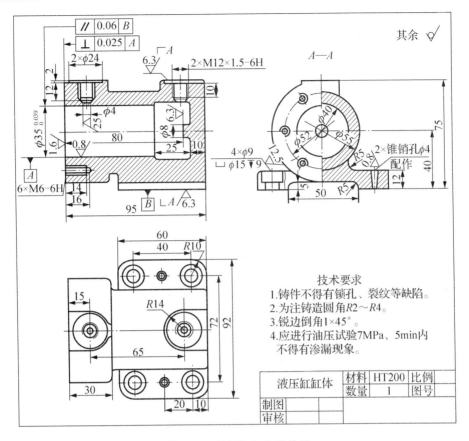

图 7-39　液压缸缸体零件图

4. 分析尺寸

缸体长度方向的尺寸基准是左端面，从基准出发标注定位尺寸 80、15，定形尺寸95、30 等，并以辅助基准标注缸体和底板上的定位尺寸 10、20、40，定形尺寸 60、R10。宽度方向尺寸基准是缸体前后对称面的中心线，标出底板上的定位尺寸 72 和定形尺寸92、50。高度方向的尺寸基准是缸体底面，标出定位尺寸 40，定形尺寸 5、12、75。以 $\phi 35^{+0.039}_{0}$ 的轴线为辅助基准，标注径向尺寸 $\phi 55$、$\phi 52$、$\phi 40$ 等。

5. 读图技术要求

缸体的活塞孔 $\phi 35^{+0.039}_{0}$ 和圆锥销孔，前者是工作面，要求防止泄漏；后者是定位面，表面粗糙度 Ra 的最大允许值为 0.8 μm。其次是安装缸盖的左端面，为密封平面，Ra 值为1.6 μm。$\phi 35^{+0.039}_{0}$ 的轴线与底板安装面 B 的平行度公差为 0.06；左端面与 $\phi 35^{+0.039}_{0}$ 的轴线垂直度公差为 0.025。因为油缸的工作介质是压力油，所以缸体不应有缩孔，加工后还要进行压力试验。

6. 综合分析

总结上述内容并进行综合分析，对缸体的结构形状特点、尺寸标注和技术要求等有较全面的了解。

第六节　绘制零件图并标注相关技术要求

知识目标

(1) 掌握创建、修改标注样式及标注方法。

(2) 掌握形位公差、表面粗糙度的标注方法。

(3) 掌握内部块的创建、插入以及属性编辑方法。

(4) 掌握创建机械样板图的方法和步骤。

(5) 掌握绘制标准零件图样的基本步骤及技巧。

能力目标

通过绘制零件图和相关技术要求的标注，具备利用用户自创样板图正确、快速地绘制轴类、箱体类、叉架类、轮盘类零件图和进行创建、插入及各类标注的能力。

一、工作任务

绘制轴的零件图，如图 7-40 所示，根据需要创建用户自己的样板图，包括标题栏、粗糙度等一些常见的要素。调用样板图，利用所学命令绘制并标注阶梯轴，以提高绘图技能。

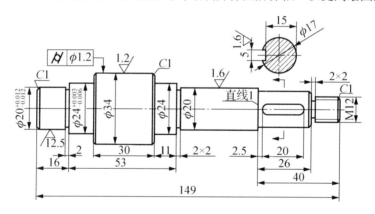

图 7-40　阶梯轴的零件图

二、相关知识

1. 标注样式的设置

(1) 功能。

在 AutoCAD 中，使用标注样式可以控制标注的格式和外观，建立强制执行的绘图标准，有利于对标注格式及用途进行修改。

(2) 操作步骤。

① 选择"格式"→"标注样式"菜单命令，打开"标注样式管理器"对话框。在"标注样式管理器"对话框中可以进行相关功能的设置，主要功能如下。

● 预览：预览已有的尺寸标注样式的效果。

- 置为当前：将某种标注样式设置为当前使用的样式。
- 新建：新建标注样式。
- 修改：修改标注样式中的某些参数。
- 替代：使用该方法可在不修改当前标注样式的情况下修改尺寸标注的参数设置。
- 比较：将两个或两个以上的标注样式进行比较。

② 单击"新建"按钮，弹出"创建新标注样式"对话框。"新样式名"文本框中起名为"机械样式"，在"基础样式"下拉列表中选择 ISO-25 标注样式作为基础样式，用于所有标注。

在"创建标注样式"对话框中，可以进行相关功能的设置，主要功能如下。

- 新样式名：在文本框中为新建的样式命名。
- 基础样式：在下拉列表框中选择一个标注样式作为新建样式的基础样式。
- 用于：在下拉列表框中选择标注的类型(直径、半径、角度、所有标注等)。

③ 单击"继续"按钮，弹出"新建标注样式"对话框。

在"创建标注样式"对话框中，设有线、符号和箭头、文字、调整、主单位、换算单位、公差七个选项卡，用户可根据需要分别选择其中的选项，对相关变量进行设置。

2. 基本标注命令

(1) 线性标注命令。

① 标注工具栏：单击"线性"按钮 ⊢⊣。

② 命令：输入 DIMLINEAR，按回车键。

③ 菜单：选择"标注"→"线性"命令。

(2) 对齐标注命令。

① 标注工具栏：单击"对齐"按钮 ↖。

② 命令：输入 DIMALIGNED，按回车键。

③ 菜单：选择"标注"→"对齐"命令。

(3) 弧长标注命令。

① 标注工具栏：单击"弧长"按钮 ⌒。

② 命令：输入 DIMARC，按回车键。

③ 菜单：选择"标注"→"弧长"命令。

(4) 坐标标注命令。

① 标注工具栏：单击"坐标"按钮 ⊬。

② 命令：输入 DIMORDINATE，按回车键。

③ 菜单：选择"标注"→"坐标"命令。

(5) 半径标注命令。

① 标注工具栏：单击"半径"按钮 ⊘。

② 命令：输入 DIMRADIUS，按回车键。

③ 菜单：选择"标注"→"半径"命令。

(6) 直径标注命令。

① 标注工具栏：单击"直径"按钮 ⊘。

② 命令：输入 DIMDIAMETER，按回车键。

③ 菜单：选择"标注"→"直径"命令。

(7) 弯折标注命令。

① 标注工具栏：单击"折弯"按钮 ⸜⸝。

② 命令：输入 DIMJOGGED，按回车键。

③ 菜单：选择"标注"→"折弯"命令。

(8) 角度标注命令。

① 标注工具栏：单击"角度"按钮 ⸜⸝。

② 命令：输入 DIMANGULAR，按回车键。

③ 菜单：选择"标准"→"角度"命令。

(9) 快速标注命令。

① 标注工具栏：单击"快速标注"按钮 ⸜⸝。

② 命令：输入 QDIM，按回车键。

③ 菜单：选择"标注"→"快速标注"命令。

(10) 连续标注命令。

① 标注工具栏：单击"连续"按钮 ⸜⸝。

② 命令：输入 DIMCONTINUE，按回车键。

③ 菜单：选择"标注"→"连续"命令。

(11) 基线标注命令。

① 标注工具栏：单击"基线"按钮 ⸜⸝。

② 命令：输入 DIMBASELINE，按回车键。

③ 菜单：选择"标注"→"基线"命令。

(12) 形位公差标注命令。

① 标注工具栏：单击"公差"按钮 ⸜⸝。

② 命令：输入 DIMORDINATE，按回车键。

③ 菜单：选择"标注"→"公差"命令。详细说明如图 7-41 所示。

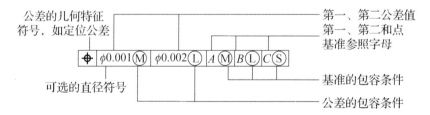

图 7-41 形位公差标注说明

3. 极限偏差标注

(1) 极限偏差格式的五种形式。

① 对称标注：$\phi 128 \pm 0.123$

② 只表上下偏差：$\phi 128^{+0.002}_{-0.001}$

③ 只标注公差带代号：$\phi 128 H7$

④ 综合标注：$\phi 128 f 7 \left(^{+0.123}_{-0.456} \right)$

⑤ 装配图中的标注：$\phi 128 H7/f6$

(2) 标注方法一：在"新建标注样式"对话框中，选择"公差"选项卡，进行相关设置。

(3) 标注方法二：机械图样中有些尺寸需要标注尺寸公差，选择"修改标注样式"对话框中的"公差"选项，设置尺寸偏差的数值。

4. 内部块的创建命令

① 绘图工具栏：单击"创建块"按钮 。

② 命令：输入 BLOCK 或 B，按回车键。

③ 菜单：选择"绘图"→"块"→"创建"命令。

5. 块的插入命令

① 绘图工具栏：单击"插入块"按钮 。

② 命令：输入 INSERT ，按回车键。

③ 菜单：选择"插入"→"块"命令。

6. 分解命令

① 修改工具条：单击"分解"按钮 。

② 命令 ：输入 EXPLODE，按回车键。

③ 菜单：选择"修改"→"分解"命令。

7. 写块(外部块)调用

命令：输入 WBLOCK 或 W，按回车键。

8. 外部块的插入命令

① 绘图工具栏：单击"插入块"按钮 。

② 命令：输入 INSERT，按回车键。

③ 菜单：选择"插入"→"块"命令。

三、任务实施

第一步 样板图的创建。

选择"格式"→"单位"菜单命令，打开"图形单位"对话框。

(1) 设置绘图单位和精度。

在绘图时，单位制都采用十进制，长度精度一般为小数点后 1 位，角度精度一般为小数点后 0 位。

(2) 设置图形界限。

选择"格式"→"图形界限"菜单命令。

命令：'_limits   *启动命令*
重新设置模型空间界限：   *系统提示*

指定左下角点或 [开(ON)/关(OFF)] <0.0000,0.0000>：　*默认左角点为(0，0)，回车*
指定右上角点 <420.0000,297.0000>：　　　　　　　*输入右上角点为(297，210)，回车*

设置完图形界限后，打开"栅格"对话框，显示图形界限。

(3) 设置图层。

一般设置为五层，如表 7-5 所示。

表 7-5　图层要求

层名	颜色	线型	线宽	功能
中心线	红色	Center	0.25	画中心线
虚线	黄色	Hidden	0.25	画虚线
细实线	蓝色	Continuous	0.25	画细实线及尺寸、文字
剖面线	绿色	Continuous	0.25	画剖面线
粗实线	白(黑)色	Continuous	0.50	画轮廓线及边框

(4) 设置文字样式。

一般建立"汉字""西文"两个文字样式。"汉字"样式选用"长仿宋字"，即"仿宋-GB2312"字体；"西文"样式选用 gbeitc.shx 字体，宽度因子为 1.0。

(5) 设置尺寸标注样式。

对于不同种类的图形，尺寸标注的要求也不尽相同。

第一步 绘制图框线。

单击"矩形"工具按钮，命令行出现：

命令：_rectang　　　　　　　　　　　　　　　　　　　　　　*启动命令*
指定第一点或 [倒角(C)/标高(E)/圆角(F)/厚度(T)/宽度(W)]：　5,5　*边框的左下角坐标*
指定另一个角点或 [面积(A)/尺寸(D)/旋转(R)]：292,205　　　　*边框的右上角坐标*

第二步 定义表面粗糙度图块。

第三步 保存样板图。

第四步 调用样板图。

样板图建立后，每次绘图都可以调用样板文件开始绘制新图。

第五步 开始绘图。

(1) 绘制中心线、轴端线。

① 将中心线层设置为当前层。

② 打开正交模式，在图框的适当位置使用"直线"命令绘制一条长 164 mm 的中心线(轴线)，中心线两端要长于轴 5 mm，因此中心线长为 164 mm。

③ 在距离中心线左端 5 mm 处，画一条轴的左端线，端线的长度大于齿轮轴的最大半径。

④ 执行"偏移"命令，将端线右移 154 mm，即为齿轮轴的右端线，如图 7-42 所示。

(2) 绘制轮廓线。

① 执行"偏移"命令，将轴的左端线依次向右偏移 14 mm、16 mm、28 mm、58 mm、69 mm，如图 7-43 所示。

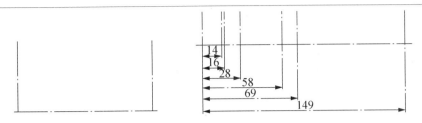

图 7-42　执行偏移命令后的图形

② 执行"偏移"命令，将轴的水平中心线依次向上偏移 10 mm、9 mm、12 mm、17 mm，如图 7-43 所示。

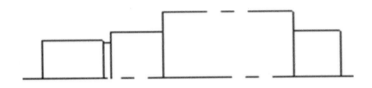

图 7-43　偏移、修剪后的图形

③ 单击工具栏上的"实时缩放"按钮，将图形适当放大，再执行"修剪""删除"命令，将图形修剪处理。

④ 执行"偏移""修剪"命令，绘制齿轮轴的右边的轮廓，尺寸参照图 7-40 阶梯轴的零件图。选择"图层"工具栏上的"粗实线"层，将线条改为粗实线，效果如图 7-44 所示。

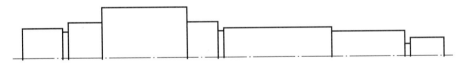

图 7-44　执行偏移、修剪命令后的图形

⑤ 执行"倒角"命令，对边角进行处理，倒角边分别为 C1、C2。利用"镜像"命令，绘制另一半，如图 7-45 所示。

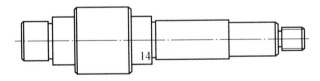

图 7-45　执行倒角、镜像命令后的图形

(3) 绘制键槽。

① 单击工具栏上的"实时缩放"按钮，将图形适当放大。执行"偏移"命令，将直线 1 依次向右偏移 5 mm、20 mm，以这两条线与轴中心线的交点为圆心，绘制直径为 5 mm 的两个圆，如图 7-46 所示。

② 打开切点捕捉模式，执行"修剪""删除"命令，将键槽多余的线做修剪处理。

(4) 绘制移出断面。

① 执行"多段线"命令,绘制移出断面的剖切符号的上半部分,另一半执行"镜像"命令生成,如图 7-47 所示。

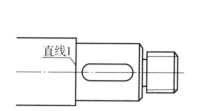

图 7-46 执行偏移、修剪命令后的图形   图 7-47 绘制移出断面图形

② 将中心图形设置为当前层,执行"直线"命令,在剖切符号的上方绘制移出断面的中心线。

③ 执行"偏移"命令,将中心线上、下各偏移 2.5 mm,左偏移 6.5 mm,如图 7-47 所示。

④ 执行"修剪""删除"命令,将图形做修剪处理,然后填充,效果如图 7-47 所示。

第六步 尺寸标注。

① 先标注基本尺寸。

② 再标注极限偏差。

③ 然后标注形位公差。

④ 最后标注表面粗糙度,插入块。

注意:为了使数值和符号的方向一致,要创建两个表面粗糙度块,如图 7-40 所示。

第七步 文字标注。

将"汉字"文字样式设置为当前,调用文字命令书写技术要求。

第八步 保存文件。

执行 QSAVE 命令,保存当前图形文件。

第八章 装 配 图

第一节 装配图的作用和内容

一、装配图的作用

表达产品及其组成部分的连接装配关系的图样，称为装配图。装配图是制造、检验零件的依据。在产品设计中，一般先画出机器或部件的装配图，然后根据装配图画出零件图。装配图要反映设计者的意图，表达机器或部件的工作原理、性能要求、零件间的装配关系和零件的主要结构形状，以及在装配、检验、安装时所需要的尺寸数据和技术要求。

二、装配图的内容

图 8-1 所示为滑动轴承的立体图，滑动轴承的作用是支承。

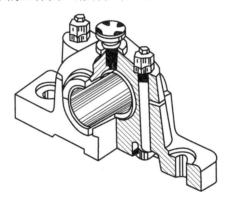

图 8-1 滑动轴承立体图

1. 一组视图

用机件的各种表达方式，正确、完整、清晰和简便地表达机器或部件的工作原理、零件之间的装配关系和零件的连接关系以及零件的主要结构形状。

2. 必要的尺寸

标注有关装配体性能、规格的尺寸，是装配、安装、检验等必需的尺寸。

3. 技术要求

用文字或符号指明装配体在装配、检验、调试时的要求、规格、说明等。

4. 零件序号、明细栏与标题栏

根据生产组织和管理工作的需要，将组成装配体的所有零件逐一顺序编号，并填写标题栏和明细栏。明细栏说明机器或部件的名称、序号、材料、数量、规格及备注等。标题栏说明机器或部件的名称、图号、图样和比例等，如图 8-2 所示。

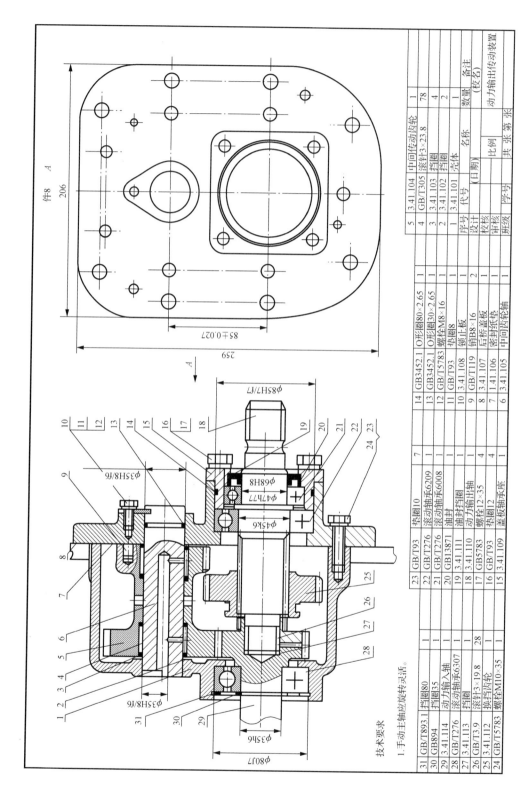

图 8-2 动力输出传动装置的装配图

第二节　装配图的表达方法

　　装配图和零件的表达，共同点都是要正确、清晰地反映内外结构。零件的各种表达方法和选用原则，如视图、剖视图、断面图等，在表达部件时同样适用。

　　零件图需要表达单个零件的结构和形状，其表达必须详尽，才能为制造零件提供详细的技术资料；装配图重点表达多个零件间的装配关系，为装配提供依据。因此，除了前述表达方法外，有关标准还对装配图的画法做了若干专门规定。

一、装配图的规定画法

　　(1) 两相邻零件的接触面和配合面规定只画一条线。当两相邻零件的基本尺寸不相同时，即使间隙很小，也必须画出两条线，如图 8-3 所示。

　　(2) 两相邻金属零件的剖面线方向应相反，或者方向一致，间隔不等。在各视图上，同一零件的剖面线倾斜方向和间隔应保持一致。

　　(3) 对于紧固件以及实心的轴、手柄、连杆、球、键等零件，若剖切平面通过其基本轴线，则这些零件均按不剖绘制；若垂直这些零件的轴线横向剖切，则应画出剖面线。

二、装配图的特殊画法

　　为了简便、清楚地表达部件，国家标准还规定了以下一些特殊表达方法。

1. 假想画法

　　(1) 为了表示某些零件的运动范围和极限位置，可画出该零件的一个位置，再用双点画线画出其运动范围或极限位置，如图 8-4 所示。

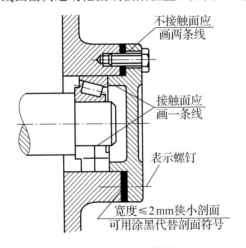
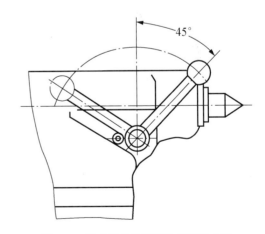

图 8-3　规定画法和简易画法　　　　图 8-4　运动零件的极限位置表达方法

　　(2) 为表示本部件与其他零部件的装配、安装关系，可以用双点画线将其他零部件的形状或部分形状假想画出来。

2. 夸大画法

在装配图中常有一些薄片零件、细丝弹簧、微小间隙、小锥度等，如果按实际尺寸画出，往往表达不清晰，或不易画出，为此可以采用夸大画法，如图 8-5 所示。

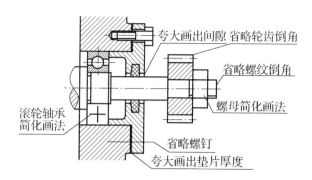

图 8-5　夸大画法和简化画法

3. 简化画法

(1) 在装配图中，零件的工艺结构，如圆角、倒角、退刀槽等，允许省略不画，如图 8-5 所示。

(2) 对分布有规律而又重复出现的螺纹紧固件及其连接等，允许只详细画出一处，其余用点画线表明其中心位置即可，如图 8-5 所示。

(3) 对装配图中的滚动轴承、油封(密封圈)等，允许只画出对称图形的一半，另一半则用规定的简化画法，如图 8-5 所示的轴承的画法。

4. 展开画法

为了表示传动机构的传动路线和零件间的装配关系，可假想按传动顺序沿轴线剖切，然后依次展开，使剖切平面摊平与选定的投影面平行再画出其剖视图，这种画法称为展开画法，如图 8-6(a)所示。这种画称为展开画。

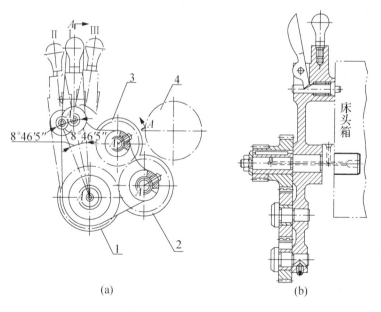

图 8-6　展开和假想画法

5. 拆卸画法

在装配图的某个视图上，为了使部件的某些部分表达得更清楚，可假想沿某些零件的结合面选取剖切平面或假想将某些零件拆卸后绘制，需要说明时可加注(拆去×××零件等)。

第三节　装配图的尺寸标注和技术要求

一、尺寸标注

装配图与零件图的作用不同，因此对尺寸标注的要求也不一样。零件图是加工制造零件的主要依据，要求零件图上的尺寸必须完整，而装配图主要是设计和装配机器或部件时用的图样，因此不必标注零件的全部尺寸。装配图上一般标注以下几种尺寸。

1. 规格、性能尺寸

说明机器或部件的性能、规格和特征。这是设计机器，了解机器性能、工作原理、装配关系等的依据，如图 8-2 中的 $\phi 45k8$、$\phi 68H8$ 等。

2. 装配尺寸

表示机器或部件上相关零件间装配关系的尺寸，如零件间有公差配合要求的一些重要尺寸，如图 8-2 所示的 $\phi 35H8/f6$ 和 $\phi 85H7/f7$。这些尺寸在读图时有助于理解零件间的装配关系和工作情况，也是由装配图拆画零件图时确定尺寸公差的依据。

3. 外形尺寸

表示机器或部件的总长、总宽、总高的尺寸，也是机器或部件大小及包装、运输、安装、厂房设计时需要考虑的空间尺寸。

4. 安装尺寸

表示将部件安装在机器上，或将机器安装在基础上，需要确定的尺寸。

5. 其他重要尺寸

在设计过程中，经过计算确定的尺寸，但不包括上述几类中的重要尺寸。如运动零件的极限位置尺寸、主要零件的重要结构尺寸等。

不是在每张装配图上必须全部标注上述各类尺寸，装配图上究竟标注哪些尺寸，要根据具体情况进行具体分析。

二、技术要求的注写

装配图上的技术要求因装配体的作用、性能不同而各不相同。一般包括：对装配体在装配、检验时的具体要求，关于装配体性能指标方面的要求，安装、运输及使用方面的要求以及有关试验项目的规定等。

装配图上的技术要求一般用文字注写在明细栏上方或图样下方空白处，如图 8-2 所示。

第四节　装配图中零部件的序号、明细栏和标题栏

为便于读懂装配图以及方便图样管理，要对装配图中所有的零部件进行编号，也称为序号。

一、零部件序号

(1) 装配图中所有的零部件都必须编写序号，规格完全相同的零部件可以只编写一个序号。

(2) 零部件序号应标注在视图周围，按顺时针或逆时针方向排列。序号字高比该装配图中所注尺寸数字高度大一号，在水平方向或垂直方向应排列整齐，如图 8-2 所示。

(3) 连接零部件序号和所指零部件间的指引线，从所注零部件的可见轮廓内引出，在端部画一个小黑点，另一端用细实线画一小段水平线或圆圈，如图 8-7(a)所示。当所指部分很薄或剖面涂黑时，可用箭头代替小黑点，并指向该部分轮廓，如图 8-7(b)所示。

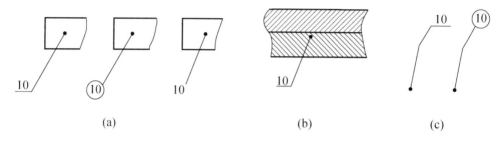

图 8-7 零部件的编号

(4) 指引线不能相互交叉，也不能与图中其他图线平行，指引线一般为直线，必要时允许转折一次，如图 8-7(c)所示。

(5) 装配图中的紧固件组或装配关系清楚的零件组，可采用公共指引线，如图 8-8 所示。

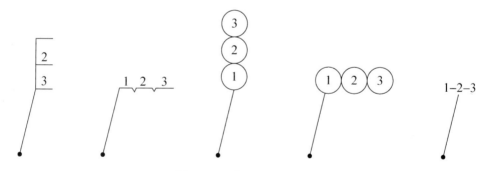

图 8-8 公共指引线的画法

二、明细栏

明细栏是装配图中全部零件的详细目录，包括所有零件的序号、名称、数量、材料、标准件的标准编号等，如图 8-9 所示。

明细栏一般画在标题栏上方，必要时可移一部分至标题栏左边，其格式、尺寸如图 8-9 所示。明细栏序号应与图中零件序号一一对应，并按顺序自下而上填写。若零件过多，在图面上画不下明细栏时，也可以在另一页纸上单独编写。

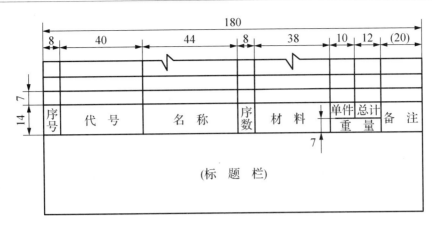

图 8-9　明细栏的格式

第五节　装配结构和装置

为了使零件装配成机器或部件后不但能达到性能要求，而且装、拆方便，在设计时必须注意零件上的装配结构和装置的合理性。

一、接触面与配合面的结构

(1)　两个零件在同一方向上不应有两组面同时接触或配合，两个零件接触时，在同一方向上只能有一对接触面；否则会给零件制造和装配等工作造成困难，如图 8-10 所示。

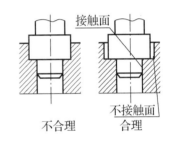

图 8-10　两个零件在同一方向的定位

(2)　两个零件有直角相交的表面接触时，在转角处，为保证轴肩端面与孔端面接触良好，应在轴肩处加工出退刀槽，或在孔的端面加工出倒角，如图 8-11 所示。

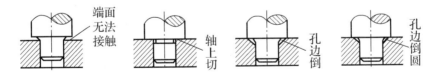

图 8-11　轴间和孔端面接触结构

(3)　为了保证接触良好，接触面须经机械加工。合理地减少加工面积，不仅可以降低加工费用，而且可以改善接触情况。为了保证连接件(螺栓、螺母、垫圈)和被连接件间的良好接触，在被连接件上常做出沉孔与凸台等结构，如图 8-12 所示。

二、方便拆卸的结构

(1)　对于螺纹紧固件连接，其装配结构应考虑装拆方便，如

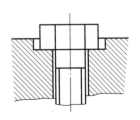

图 8-12　沉孔

在设计螺栓和螺钉的位置时，要留下装拆螺栓所需要的扳手空间，如图 8-13 所示。

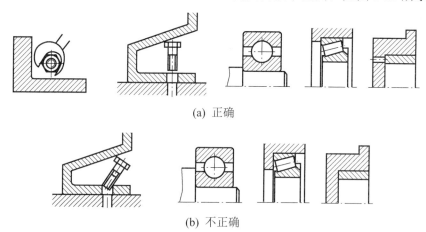

(a) 正确

(b) 不正确

图 8-13　方便拆卸的结构

(2) 在安装滚动轴承时，为防止轴向窜动，常以轴肩定位。为了维修时容易拆卸，要求轴肩的高度必须小于轴承内圈或外圈的厚度。

(3) 在装配体中常采用圆柱销或圆锥销定位，为了拆卸方便，应尽量将销孔做成通孔。

三、其他装配装置

1. 防松装置

机器在运转过程中，由于受到冲击，螺纹紧固件可能发生松动或脱落现象。因此，在某些装置中应有防松结构，图 8-14 所示为几种常见的防松装置。

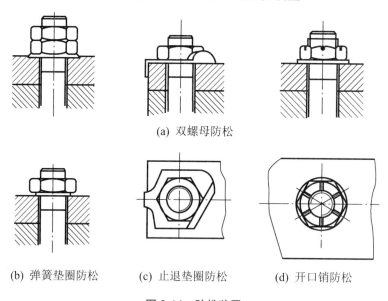

(a) 双螺母防松

(b) 弹簧垫圈防松　　　(c) 止退垫圈防松　　　(d) 开口销防松

图 8-14　防松装置

2. 密封装置

为了防止灰尘、杂屑等进入装配体内部，以及防止润滑油外溢等，必要时可采用密封装置。图 8-15 所示为典型的密封装置，通过压盖或螺母将填料压紧，起到防漏作用。

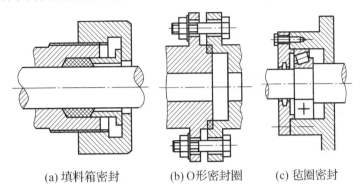

(a) 填料箱密封　　　　　(b) O 形密封圈　　　　　(c) 毡圈密封

图 8-15　密封装置

第六节　读 装 配 图

在设计、制造、装配、检验、使用、维修以及技术革新、技术交流等生产活动中，都会遇到装配图。因此，工程技术人员必须具备读装配图的能力。

一、读装配图的基本要求

(1) 了解装配体的名称、用途、结构及工作原理。
(2) 了解零件之间的连接形式及装配关系。
(3) 了解各零件的主要结构形状和作用。
(4) 了解装配体的拆、装顺序。

二、读装配图的方法和步骤

1. 浏览全图、概括了解

读装配图时，首先通过标题栏和产品说明书了解部件的名称、用途及工作原理。从明细栏了解组成该部件的零件名称、数量、材料以及标准件的规格等。通过对视图的浏览，了解装配图的表达情况和复杂程度。根据装配图的视图配置和标注，弄清各视图的名称和视图之间的投影关系、剖切位置、投射方向等，理解所采用的表达方法、各视图的意图及其所表达的主要内容。图 8-2 所示为一种两挡动力输出传动装置的装配图，此装置常用于车辆的换挡调速，一般由 31 种零件组成，其中标准件 17 种。动力输出传动装置的 装配图采用一个基本视图和一个表达单独零件的视图。主视图采用全剖视图，反映装配体的工作原理和零件间的装配关系。单独零件的视图投射方向为从右向左，表达出件 8 后桥盖板外形。

2. 分析视图、了解各视图表达的重点和工作原理

装配图与零件图最大的区别在于：装配图是在同一个图中表达多个零件。读图时关键是将这些零件"分得开、合得拢"。对于装配体中的标准件、常用件，因其结构、形状固定，较容易从视图中区分出来；对于一般零件，则应由各零件剖面线的不同方向和间隔，根据实心杆件在装配图中的画法规定等，分清各零件的轮廓范围，由配合代号了解零件间的配合关系。根据零件序号和明细栏了解各零件的名称、数量、材料、规格等，研究零件间的装配连接关系，从而进一步弄清装配体的工作原理。

要弄清装配体的传动路线，一般可从图样上直接分析视图得出结论，当部件比较复杂时，需要参考说明书。分析时应从机器或部件的动力来源入手，分析运动如何传递，运动形式如何(如转动、移动、摆动、往复等)。从动力输出传动装置的零件名称及装配关系可知，动力首先被传递到件 29 动力输入轴上，其轮齿与件 5 中间传动轮齿的左端轮齿啮合，件 5 左、右端的轮齿做同步转动。件 25 换挡齿轮与件 18 动力输出轴采用花键结构连接，可以轴向移动。件 25 换挡齿轮在图示中处于空挡位置，动力不能传递至件 18 而输出动力。当换挡齿轮 25 被换挡操纵机构(如拨叉)向右拨动，则件 25 与件 5 的右端轮齿啮合，动力则在该装置中经两级齿轮传动至件 18 的轴上，使其具有一定转速；若件 25 换挡轮齿被向左拨动，则与件 29 的右端外花键相结合，从而通过花键将件 18 与件 29 刚性连接，动力直接从件 29 传动至件 18，使件 18 具有另一种工作转速。为减少相对运动件间的摩擦，通常采用加衬套、轴承，并加适量油润滑。这里采用在件 29 和件 18、件 5 和件 6 之间采用滚针轴承，其内外轨道即为零件本身。此装置主要起换挡调速作用，润滑可使用腔内的轮齿油。中间传动轴上开有槽、孔，装在壳体外件 29 轴上的大轮齿搅起的齿轮油可通过此油路润滑滚针轴承。

此部件仅需右侧件 8 后桥盖板与机动车辆外壳的接触面、件 15 与件 8 配合面等处需考虑防漏问题。为此，采用了件 7 密封纸垫，件 13 和件 14 两个 O 形密封圈，件 19 油封挡圈，件 20 油封加以密封。

3. 分析装配关系

分析装配关系就是分析零件间的定位、连接和紧定方式、配合与轴向定位等。要搞清楚各零件之间用什么方式连接和固定，连接是否牢靠，装、拆是否方便，零件如何定位，怎样防止轴向窜动，哪些零件间有接触与配合面，凡配合的零件，都要弄清楚配合基准制、配合性质和公差等级等。还要进一步了解为保证实现部件的功能所采取的相应措施，以深入地了解部件。

从图 8-2 可以看出，容纳轮齿啮合的空间在件 1 壳体内。件 1 与后桥盖板用 2 个件 9 个销与 7 个件 24 螺栓连接，后桥盖板又用 2 个销、8 个螺栓与机动车辆的外壳紧固连接。动力输入轴和动力输出轴采用滚动轴承件 28、21 和 22 支承在壳体和后桥盖板上。为防止轴 29 和轴承 28 向左、右移动，采用挡圈件 31 及 30 轴向定位，挡圈 27 防止件 18、件 26 与件 29 轴孔端面磨损。中间传动轴不转动，直接装入壳体和后桥盖板的孔内，用件 10 锁止板、件 11 垫圈、件 12 螺栓来固定，防止其轴向窜动。此处的配合尺寸为 35H8/f6，为基孔制间隙配合。盖板轴承座与后桥盖板之间的配合尺寸为 85H7/f7，也是基孔制间隙配合。

4. 分析零件的主要结构形状和用途

在分析传动路线和装配关系时，有时需要将零件的结构形状弄清楚，才能得出正确的结论。分析时，应先看简单零件，后看复杂零件。先将标准件、常用件及简单零件看懂后，将其从复杂的图中"剥离"出来，简化装配图。例如，将标准件和常用的齿轮、轴结构除外，剩下壳体 1、后桥盖板 8 和后桥盖板轴承座 15 等。然后，再集中精力分析为数不多的复杂零件。

分析复杂零件时，应依据剖面线划定各零件的投影范围。首先将复杂零件在各个视图的投影范围及其轮廓搞清楚，进而用形体分析法和线面分析进行仔细推敲，必要时还得借助丁字尺、三角板、分规等找出投影关系等。此外，分析零件主要结构时，还要考虑零件为什么要采用这种结构形状，为深入分析装配体做准备。

当某些零件的结构形状在装配图上表达不够完整时，可先分析相邻零件的结构形状，根据和周围零件的关系及其作用，确定该零件的结构形状。但有时还需参考用零件图来加以分析，以弄清零件的细小结构及其作用。在件 5 齿轮的投影轮廓范围附近有一局部剖视图，其剖面轮廓线及轮廓线内的剖面线与件 5 齿轮不同，如图 8-2 所示。经过分析各零件的作用及相邻零件的连接关系可知，件 1 壳体与件 8 后桥盖板用紧固件连接时，需要 2 个销孔定位，此处即表达了壳体与件 8 用件 9 销连接的装配关系。

5. 归纳总结、想象出部件的整体结构

对装配图进行上述分析后，还要对技术要求、全部尺寸进行分析研究，最后对装配图的运动情况、工作原理、装配关系、拆卸顺序等综合归纳，想象出总体形状，进一步了解整体和各部分的设计意图。

上述读装配图的方法仅为初学者提供一个大致的思路，实际上，读装配图的几个步骤往往是交替进行的。要想提高读装配图的能力，掌握读图规律，必须通过不断实践，总结积累读图经验，这样才能达到快速读图的目的。

第七节　由装配图拆画零件图

由装配图拆画零件图，必须在读懂装配图的基础上进行。拆画零件图不是简单地从装配图中照抄零件，而是一个继续设计零件的过程。

由装配图拆画零件图可以按以下步骤进行。

1. 读装配图

认真阅读，全面深入了解设计意图，分析清楚装配关系、技术要求和各个零件的主要结构。

2. 分析零件

(1) 分离零件。

首先将要拆画的零件从装配图中分离出来。可先找到零件的序号所指的部位，把方向、间隔相同的剖面线的轮廓区域描画并分离出来，然后按投影关系和剖面线将该零件在其他视图中可能的投影轮廓分离出来。

(2) 补画装配图中未显露的图线。

由于在装配图中零件的可见轮廓线可能被其他零件(如轴承、轴、螺钉、销等)遮挡了，分离出图形可能是不完整的，有些部位缺少线条，此时就需要补画出零件在装配图中未显露的图线。图 8-16 所示为从图 8-2 中分离出的件 15 盖板轴承座的"视图"。此时，还要将分离出来的几个视图进行对照分析，想象零件整体，将不完整的视图补全，如被轴所挡住的线条及左视图上孔的投影等。

(3) 完善零件结构。

装配图主要表达装配关系，因此对某些零件的结构形状往往表达得不够完整，在拆画时，应根据零件的功用和要求加以补充、完善。由装配图构思出来的零件结构形状可能不止一种，可根据要求选用其中最合理的一种。如动力输出装置装配图中壳体的外形结构在装配图上表达不完整，拆画后可能有不同的外部结构形状。

图 8-17 所示为壳体的轴测图。壳体上前端中部开的长方槽，用来将操纵机构拨叉安装到 壳体内，实现换挡变速。

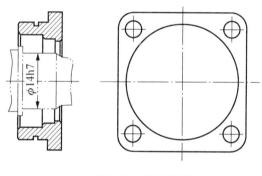

图 8-16　密封装置

图 8-17　壳体的轴测图

3. 选择零件的表达方案

装配图视图的选择是从表达装配关系和整个部件的情况考虑的，在选择零件的表达方案时不能简单照抄，应根据零件的结构形状，按照零件图的视图选择原则重新考虑。当然，一般箱体类、轴类零件的主视图的方位与装配图是基本一致的。

4. 补全工艺结构

在装配图上，细小的工艺结构，如沉孔、倒角、倒圆、退刀槽等往往被省略，拆画时，这些结构的尺寸应查阅有关标准补全核对后标注出来。

5. 补齐、协调零件尺寸

装配图上已标出的尺寸都是设计时给定的重要尺寸，必须直接标注到零件图上。如配合尺寸、安装尺寸、性能尺寸以及主要轴孔的定位尺寸等，都要标注在有关零件图上。在装配图中未标注的尺寸，可在装配图中直接量取，再按绘图比例折算后标注。如所得的尺寸不是整数，则应按标准长度和标准直径加以圆整后再进行标注。

6. 技术要求的确定

确定表面结构要求应根据零件加工表面的作用，参阅有关资料或按类似产品的零件图确定。一般情况下，有相对运动和配合要求的表面，Ra 应高于 1.6 μm，有密封要求和耐腐蚀表面的 Ra 一般应高于 3.2 μm，自由表面的 Ra 一般低于 12.5 μm，非主要结合面的 Ra 一般为 6.3 μm。其他技术要求，如形位公差、热处理要求、表面硬度等，应根据零件在装配体中的作用，参考有关资料或同类产品类比确定。

图 8-18、图 8-19 和图 8-20 是根据图 8-2 装配图拆画的零件图。

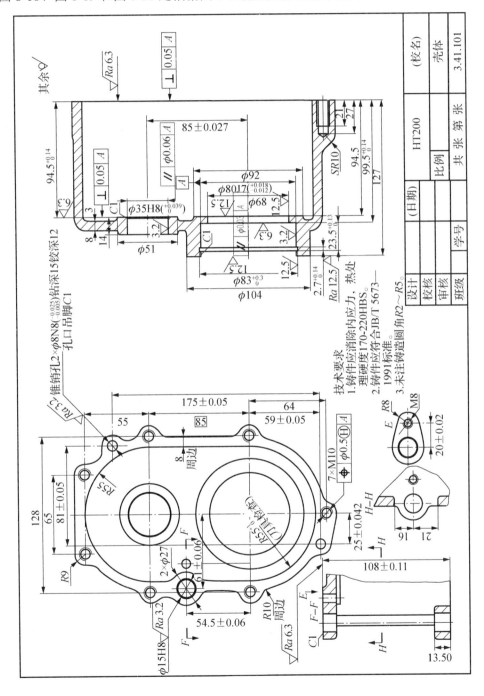

图 8-18　壳体的零件图

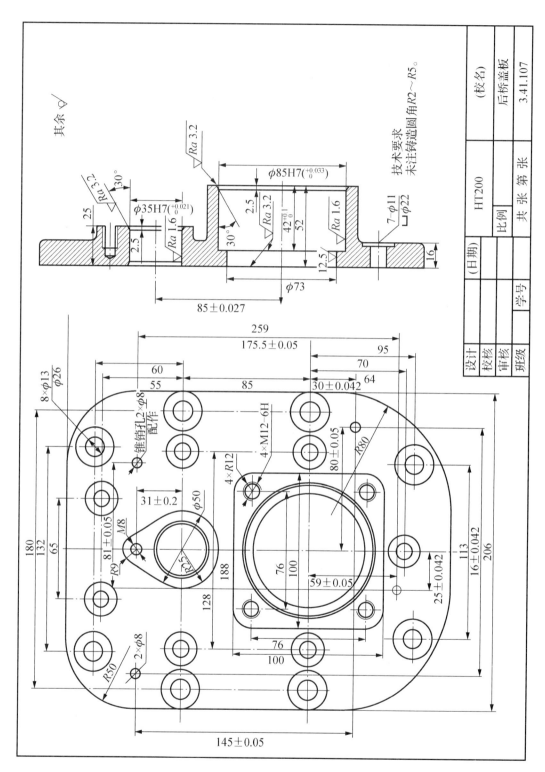

图 8-19　后桥盖板的零件图

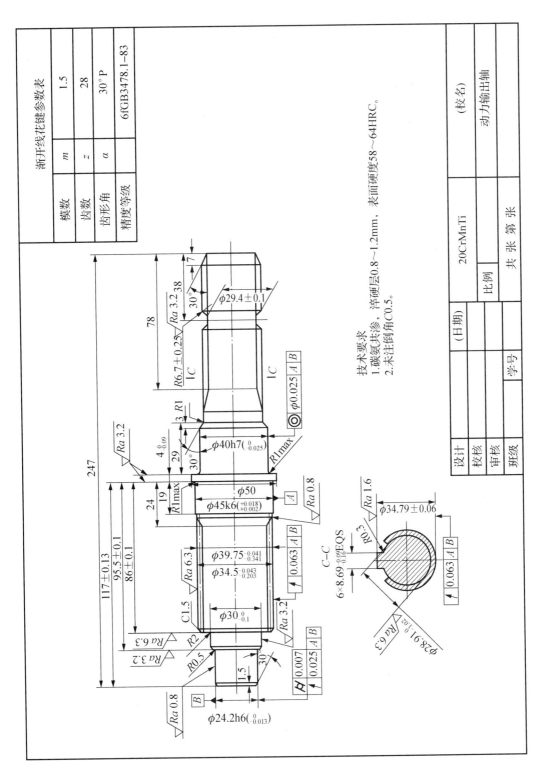

图 8-20　拆画动力传输轴的零件图

渐开线花键参数表

模数	m	1.5
齿数	z	28
齿形角	α	30°P
精度等级		6fGB3478.1–83

技术要求
1.碳氮共渗，淬硬层0.8～1.2mm，表面硬度58～64HRC。
2.未注倒角C0.5。

设计		(日期)		(校名)	
校核				动力输出轴	
审核		比例		20CrMnTi	共 张 第 张
班级		学号			

第八节　绘制组合实体模型

知识目标

(1) 掌握由二维平面图形创建三维实体的方法，如拉伸、旋转、扫掠和放样等。

(2) 掌握三维实体的操作方法，如三维镜像、旋转、阵列、对齐及剖切等。

(3) 掌握三维实体的基本编辑方法，三维模型面、边的修改与编辑。

能力目标

通过创建轴承架实体模型，具备利用 CAD 中相关三维命令创建组合实体模型的能力。

一、工作任务

运用三维实体的建模和编辑命令绘制图 8-21 所示的轴承架，对三维模型进行三维镜像、旋转、阵列、对齐等操作，实现实体面、线的编辑，并通过设置视点观察三维实体。

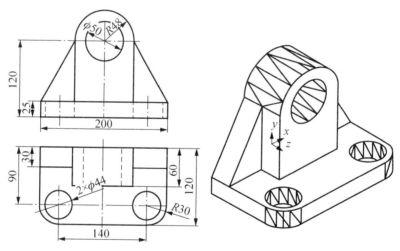

图 8-21　轴承架

二、相关知识

(一)三维绘图的主要工具栏

右击常用工具栏，弹出快捷菜单，分别选择"建模""实体编辑""动态观察""视图"四个工具栏。软件图标比之前有了很大的变化，增加了一些使用频率较多的图标。当然，绘制三维实体时还会用到其他一些工具栏，在以后用到时再具体讲解。

(1) "建模"工具栏。可以绘制多实体、长方体、楔体、圆锥体、球体、圆柱体、圆环体、棱锥及弹簧等基本实体模型，如图 8-22 所示。

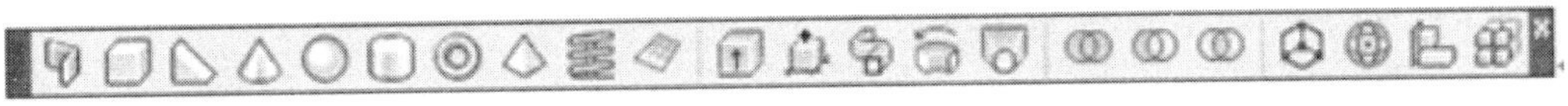

图 8-22　"建模"工具栏

(2) "实体编辑"工具栏(见图 8-23)。可以对三维实体进行三维阵列、三维镜像、三维旋转、对齐等操作。

图 8-23　"实体编辑"工具栏

(3) "动态观察"工具栏(见图 8-24)。利用三维动态观察工具，可实现对实体模型的动态观察。

图 8-24　"动态观察"工具栏

(4) "视图"工具栏(见图 8-25)。通过此工具栏中的"俯视""仰视""左视""右视""主视""后视""西南等轴测""东南等轴测""东北等轴测"和"西北等轴测"命令，可从多个方向来观察图形。

图 8-25　"视图"工具栏

(5) "UCS"工具栏(见图 8-26)：用户根据自己的需要来设置相应的坐标系统。

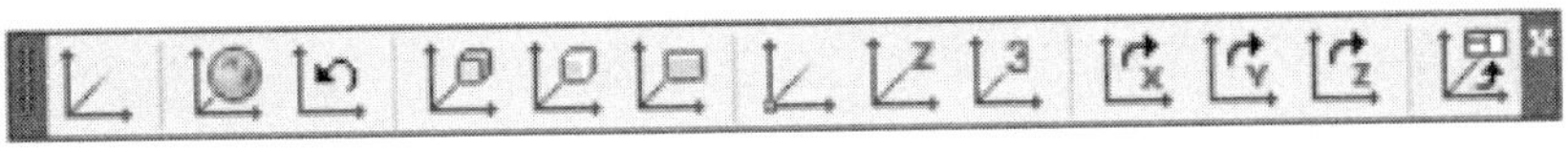

图 8-26　"UCS"工具栏

(二)用户坐标系

1. 右手定则

用右手定则判断三维坐标轴的位置和方向，将右手手背靠近屏幕，以相互垂直的右手的大拇指(为 X 轴正向)、食指(为 Y 轴正向)、中指(为 Z 轴正向)分别表示三个坐标轴。世界坐标系和用户坐标系的坐标轴方向都可以用右手法则判断。

2. 创建用户坐标系(UCS)

(1) 功能。

为实现在形体的不同表面上作图，用户需将坐标系设为当前作图的方向和位置。

(2) 调用命令的方法。

① 菜单：执行"工具"→"新建 UCS"命令。

② 命令：输入 UCS，按回车键。

③ 图标：在 UCS 工具栏中。

(3) 操作步骤。

启用 UCS 命令后，命令行中出现：

命令：UCS

当前 UCS 名称：

指定 UCS 的原点或 [面 (F)/命名 (NA)/对象 (OB)/上一个 (P)/视图 (V)/世界 (W)/X/Y/Z/Z 轴 (ZA)] <世界>：

(4) 选项说明与提示。

① 面(F)：将 UCS 与选定实体对象的面对正。

② 命名(NA)：给新建的用户坐标命名。

③ 对象(OB)：根据选定对象定义新的坐标系。

④ 上一个(P)：恢复上一个 UCS。

⑤ 视图(V)：以垂直于视图方向(平行于屏幕)的平面为 XY 平面来建立新的坐标系。

⑥ X/Y/Z：指定绕 X、Y、Z 轴的旋转角度来得到新的 UCS。

⑦ Z 轴(ZA)：指定 UCS 坐标系的原点及 Z 轴正半轴上一点，然后按右手定则来确定当前坐标系。

⑧ 世界(W)：建立世界坐标系。

3. 管理用户坐标系

(1) 功能。

对用户坐标系进行管理和操作。

(2) 调用命令。

① 菜单：执行"工具"→"命名 UCS"命令。

② 命令：输入 UCSMAN 或 UC，按回车键。

(3) 操作步骤。

启动该命令后，AutoCAD 会弹出 UCS(用户坐标系)对话框。该对话框包含"命名 UCS""正交 UCS""设置"三个选项卡，用户可以对用户坐标系进行相应的管理和操作。

4. 三维坐标形式

(1) 三维直角坐标。

如绝对坐标(30,60,80)，相对坐标(@30,60,80)。

(2) 圆柱坐标。

如绝对坐标(80<80,60)，相对坐标(@ 80<80,60)。

(3) 球面坐标。

如绝对坐标(80<70<60)，相对坐标(@ 80<70<60)。

(三)三维建模命令

1. 长方体

(1) 功能。

可创建底面与当前坐标系的 XY 平面平行的长方体。

(2) 调用命令。

① 绘图工具栏：单击 ▱ 按钮。

② 命令行：输入 BOX，按回车键。

③ 菜单：执行"绘图"→"建模"→"长方体"命令。

(3) 操作步骤。

```
命令：_box                                    *启动命令*
指定第一个角点或 [中心(C)]：               *指定长方体的第一个角点*
指定其他角点或 [立方体(C)/长度(L)]：       *指定长方体的另一个角点*
指定高度或 [两点(2P)]：                      *指定长方体的高度*
```

(4) 提示选项说明。

① 立方体(C)：选择绘制立方体。

② 选择长度(L)：绘制或指定角点的位置，确定长方体底面四边形的位置和大小，再输入长方体的高。

③ 中心(C)：先确定长方体的中心，再确定长方体底面的一个角点，最后输入长方体的高。

2. 楔体

(1) 功能。

可创建底面与当前坐标系的 XY 平面平行的楔形体。

(2) 调用命令。

① 绘图工具栏：单击 ◺ 按钮。

② 命令行：输入 WEDGE，按回车键。

③ 菜单：执行"绘图"→"建模"→"楔体"命令。

(3) 操作步骤。

```
命令：_wedge
指定第一个角点或 [中心(C)]：                *指定楔体的第一个点*
指定其他角点或 [立方体(C)/长度(L)]：        *指定楔体的其他角点*
指定高度或 [两点(2P)] <346.6>：              *指定楔体的高度*
```

注意：有关提示选项同长方体。

3. 圆锥体

(1) 功能。

可创建底面位于当前 UCS 坐标系 XY 平面的圆锥体或椭圆锥体。

(2) 调用命令。

① 绘图工具栏：单击 △ 按钮。

② 命令行：输入 CONE，按回车键。

③ 菜单：执行"绘图"→"建模"→"圆锥体"命令。

(3) 操作步骤。

```
命令：_cone
指定底面的中心点或 [三点(3P)/两点(2P)/相切、相切、半径(T)/椭圆(E)]：*指底中心*
指定底面半径或 [直径(D)] <30.0>：30                      *输入底面圆半径为 30*
指定高度或 [两点(2P)/轴端点(A)/顶面半径(T)] <-40.0>：40   *输入底面圆半径为 40*
```

(4) 提示选项说明。

① 三点(3P)：通过三点绘制底面圆。

② 两点(2P)：通过二点绘制底面圆。

③ 相切、相切、半径(T)：通过相切、相切、半径绘制底面圆。

④ 椭圆(E)：绘制椭圆锥底面椭圆。

⑤ 直径(D)：输入直径确定底面圆的大小。

⑥ 轴端点(A)：输入轴端点确定圆锥体高度。

⑦ 顶面半径(T)：输入顶面半径和高度确定圆台体。

注意：在 AutoCAD 中，实体均用线框显示，线条的数量由系统变量 ISOLINES 控制，该变量的初始值为 4。在绘制曲面实体(如圆柱体、圆锥体、圆环体)时，ISOLINES 值越大，线条越密，曲面实体越逼真，但所占空间越大，计算机的运行速度越慢。

改变线框密度的具体操作方法如下：

```
命令：isolines                                    *输入命令*
输入 ISOLINES 的新值 <4>：10                       *输入 ISOLINES 的新值*
```

4. 圆柱体

(1) 功能。

以圆或椭圆作底面创建柱体，柱体底面位于坐标系的 XY 平面。

(2) 调用命令。

① 绘图工具栏：单击 ⬭ 按钮。

② 命令行：输入 CYLINDER，按回车键。

③ 菜单：执行"绘图"→"建模"→"圆柱体"命令。

(3) 操作步骤。

```
命令：_cylinder
指定底面的中心点或 [三点(3P)/两点(2P)/相切、相切、半径(T)/椭圆(E)]：*指底中心*
指定底面半径或 [直径(D)] <30.0>：                   *指定底面圆半径*
指定高度或 [两点(2P)/轴端点(A)] <40.0>：             *指定圆柱高度*
```

5. 球体

(1) 功能。

根据球心、半径或直径创建球体。

(2)　调用命令。

① 绘图工具栏：单击 ◯ 按钮。

② 命令行：输入 SPHERE，按回车键。

③ 菜单：执行"绘图"→"建模"→"球体"命令。

(3)　操作步骤。

```
命令：_sphere
指定中心点或 [三点(3P)/两点(2P)/相切、相切、半径(T)]:        *指定球的中心*
指定半径或 [直径(D)] <25.6>:                                *指定球的半径*
```

(4)　提示选项说明。

① 三点(3P)：三点确定通过球心的圆绘制球。

② 两点(2P)：二点确定通过球心的圆绘制球。

③ 相切、相切、半径(T)：利用相切、相切、半径确定通过球心的圆绘制球。

④ 直径(D)：指定球心和直径绘制球。

6. 圆环体

(1)　功能。

可以创建圆环实体。圆环体与当前 UCS 的 XY 平面平行且被该平面平分。

(2)　调用命令。

① 绘图工具栏：单击 ◎ 按钮。

② 命令行：输入 TORUS ，按回车键。

③ 菜单：执行"绘图"→"建模"→"圆环体"命令。

(3)　操作步骤。

```
命令：_torus
指定中心点或 [三点(3P)/两点(2P)/相切、相切、半径(T)]:        *指定圆环的中心*
指定半径或 [直径(D)] <121.2>: 50                           *输入外环的半径或直径*
指定圆管半径或 [两点(2P)/直径(D)]: 5                        *指定圆管半径为5*
```

(4)　提示选项说明

① 三点(3P)：三点确定圆环的中心圆。

② 两点(2P)：二点确定圆环的中心圆。

③ 相切、相切、半径(T)：利用相切、相切、半径确定圆环的中心圆。

7. 多段体

(1)　功能。

可创建多段体。

(2)　调用命令。

① 绘图工具栏：单击 ⬚ 按钮。

② 命令行：输入 POLYSOLID，按回车键。

③ 菜单：执行"绘图"→"建模"→"多段体"命令。

(3) 操作步骤。

命令: _Polysolid 高度 = 80.0, 宽度 = 5.0, 对正 = 居中
指定起点或 [对象(O)/高度(H)/宽度(W)/对正(J)] <对象>:　　　　*指定楔体的起点*
指定下一个点或 [圆弧(A)/放弃(U)]:　　　　　　　　　*指定楔体的下一个点*
指定下一个点或 [圆弧(A)/放弃(U)]:　　　　　　　　　*指定楔体的下一个点*
指定下一个点或 [圆弧(A)/闭合(C)/放弃(U)]: c　　　　*输入 C, 形成封闭形*

(4) 提示选项说明。

① 圆弧(A): 可绘制弧。

② 放弃(U): 放弃上一步操作。

③ 闭合(C): 形成封闭形。

(四)布尔运算

1. 并集

(1) 功能。

把两个或多个实体合并在一起形成新的实体, 操作对象既可以是相交的, 也可是分离开的。

(2) 调用命令。

① 实体编辑工具栏: 单击 ⓞ 按钮。

② 命令行: 输入 UNION, 按回车键。

③ 菜单: 执行"修改"→"实体编辑"→"并集"命令。

(3) 操作步骤。

命令: _union
选择对象:　　　　　　　　　　　　　　*选择要合并的对象*
选择对象:　　　　　　　　　　　　　*选择要合并的另一个对象*
选择对象:　　　　　　　　　　*回车或右击鼠标表示选择对象结束*

2. 差集

(1) 功能。

从一个实体中减去另一些实体而形成新的实体。

(2) 调用命令。

① 实体编辑工具栏: 单击 ⓞ 按钮。

② 命令行: 输入 SUBTRACT, 按回车键。

③ 菜单: 执行"修改"→"实体编辑"→"差集"命令。

(3) 操作步骤。

命令: _subtract 选择要从中减去的实体或面域...
选择对象:　　　　　　　　　　　　　*选择被减实体对象*
选择要减去的实体或面域 ..
选择对象:　　　　　　　　　　　　*选择要减去的实体对象*
选择对象:　　　　　　　　　　*回车或右击鼠标结束命令*

3. 交集

(1) 功能。

创建由两个或多个实体的重叠部分构成的实体，然后删除交集外的区域。

(2) 调用命令。

① 实体编辑工具栏：单击 ⓞ 按钮。

② 命令行：输入 INTERSECT，按回车键。

③ 菜单：执行"修改"→"实体编辑"→"交集"命令。

(3) 操作步骤。

```
命令：_intersect
选择对象：                              *选择相交的对象*
选择对象：                            *选择相交的另一个对象*
选择对象：                          *回车或右击鼠标结束命令*
```

(五)由二维图形创建实体

1. 拉伸命令

(1) 功能。

沿 Z 轴或某个方向拉伸二维对象生成三维实体。被拉伸对象称为断面，可以是任何二维封闭多段线、圆、椭圆、封闭样条曲线和面域，但多段线对象的顶点数不能超过 500 个且不小于 3 个。

(2) 调用命令。

① 建模工具栏：拉伸按钮 ⓘ。

② 命令行：输入 EXTRUDE 或 EXT，按回车键。

③ 菜单：执行"绘图"→"建模"→"拉伸"命令。

(3) 操作步骤。

```
命令：_extrude
当前线框密度：  ISOLINES=4              *系统提示当前线框密度的数值*
选择要拉伸的对象：  找到 1 个      *选择要拉伸的对象，系统提示选择对象的个数*
选择要拉伸的对象：                    *回车或右击鼠标表示选择对象结束*
指定拉伸的高度或 [方向(D)/路径(P)/倾斜角(T)]：          *指定拉伸的高度*
```

(4) 提示选项说明。

① 拉伸的高度：如果输入正值，将沿着对象所在坐标系的 Z 轴正方向拉伸对象；如果输入负数值，将沿着对象所在坐标系的 Z 轴负方向拉伸对象。

② 方向(D)：通过指定两点确定拉伸的长度和方向。

③ 路径(P)：选择基于指定曲线对象的拉伸路径将对象进行拉伸。

④ 倾斜角(T)：输入正角度表示从基准对象逐渐变细地拉伸，而输入负角度则表示从基准对象逐渐变粗地拉伸。

2. 旋转命令

(1) 功能。

将二维对象绕某一轴旋转以生成三维实体，可用于旋转成实体的二维对象可以是封闭的多段线、多边形、矩形、圆、椭圆、闭合样条曲线、圆环和面域。

(2) 调用命令。

① 绘图工具栏：单击 按钮。

② 命令行：输入 REVOLVE，按回车键。

③ 菜单：执行"绘图"→"建模"→"旋转"命令。

(3) 操作步骤。

```
命令: _revolve
当前线框密度: ISOLINES=4                           *系统提示当前线框密度的数值*
选择要旋转的对象: 指定对角点: 找到 1 个    *选择要旋转的对象，系统提示选择对象的个数*
选择要旋转的对象:                              *回车或右击鼠标表示选择对象结束*
指定轴起点或根据以下选项之一定义轴 [对象(O)/X/Y/Z] <对象>:      *指定旋转轴起点*
指定轴端点:                                      *指定旋转轴端点*
指定旋转角度或 [起点角度(ST)] <360>:           *输入旋转角或回车选择默认角度360°*
```

(4) 提示选项说明。

① 对象(O)：选择现有的对象作为旋转轴。

② X/Y/Z：使用当前 UCS 的 X、Y、Z 轴作为旋转轴。

③ 起点角度(ST)：旋转时的起点角度数值。

> **注意**：不能对以下对象使用 Revolve 命令，即三维对象、包含在块中的对象、有相交或自交线段的多段线，以及非闭合多段线。

3. 扫掠

(1) 功能。

绘制网格面或三维实体。如果要扫掠的对象不是封闭的图形，那么"扫掠"后得到的是网格面；否则得到的是三维实体。

(2) 调用命令。

① 绘图工具栏：单击 按钮。

② 命令行：输入 SWEEP，按回车键。

③ 菜单：执行"绘图"→"建模"→"扫掠"命令。

(3) 操作步骤。

```
命令: _sweep
当前线框密度: ISOLINES=4                           *系统提示当前线框密度的数值*
选择要扫掠的对象: 指定对角点: 找到 2 个    *选择要旋转的对象，系统提示选择对象的个数*
选择要扫掠的对象:                              *回车或右击鼠标表示选择对象结束*
选择扫掠路径或 [对齐(A)/基点(B)/比例(S)/扭曲(T)]:                   *选择扫掠路径*
```

(4) 提示选项说明。

① 对齐(A)：指定是否对齐轮廓，可使其作为扫掠路径切向的法方向，默认情况线，轮廓是对齐的。

② 基点(B)：指定要扫掠的基点。如果指定的点不在选定对象所在的平面上，则该点将被投影到该面上。

③ 比例(S)：指定比例因子以进行扫掠操作。从扫掠路径的开始到结束，比例因子将统一应用到被扫掠对象上。

④ 扭曲(T)：设置正被扫掠对象的扭曲角度。

(六)阵列

(1) 功能。

用于在三维空间将实体进行矩形或环形阵列。用户创建好一个实体，按一定的顺序在三维空间中排列，极大地减少了工作量。除了指定列数(X 方向)和行数(Y 方向)以外，还要指定层数(Z 方向)。

(2) 调用命令。

① 绘图工具栏：单击 按钮。

② 命令行：输入 3DARRAY 或 3A，按回车键。

③ 菜单：执行"修改"→"三维操作"→"三维阵列"命令。

(3) 操作步骤。

利用 "环形阵列"命令操作如下。

```
命令：_3darray
正在初始化... 已加载 3DARRAY。
选择对象： 找到 1 个                    *选择对象，系统提示选择对象的个数*
选择对象：                             *回车或右击鼠标结束选择对象*
输入阵列类型 [矩形(R)/环形(P)] <矩形>：p    *输入阵列类型为环形*
输入阵列中的项目数目： 6                *输入环形阵列中的项目数目为 6*
指定要填充的角度(+=逆时针,-=顺时针) <360>：270*指定填充的角度，系统默认 360°*
旋转阵列对象？ [是(Y)/否(N)] <Y>：        *是否旋转阵列对象*
指定阵列的中心点：                      *指定环形阵列的中心点*
指定旋转轴上的第二点：                   *指定环形阵列旋转轴上的第二点*
```

"矩形阵列"命令操作如下。

```
命令：_3darray
选择对象： 找到 1 个                    *选择对象，系统提示选择对象的个数*
选择对象：                             *回车或右击鼠标表示选择对象结束*
输入阵列类型 [矩形(R)/环形(P)] <矩形>：r    *输入阵列类型为矩形*
输入行数(---) <1>： 3                   *输入矩形阵列行数*
输入列数(|||) <1>： 4                   *输入矩形阵列列数*
输入层数(...) <1>：                     *输入矩形阵列层数*
指定行间距(---)： 50                    *输入矩形阵行间距*
指定列间距(|||)： 50                    *输入矩形阵列间距*
```

(七)镜像

(1) 功能。

在三维空间指定平面为镜像平面,对实体进行镜像。

(2) 调用命令。

① 命令行:输入 3DMIRROR,按回车键。

② 菜单:执行"修改"→"三维操作"→"三维镜像"命令。

(3) 操作步骤。

利用"镜像"命令操作如下。

```
命令: _3d mirror
选择对象: 指定对角点: 找到 1 个              *选择对象,系统提示选择对象的个数*
选择对象:                               *回车或右击鼠标表示选择对象结束*
指定镜像平面(三点) 的第一个点或[对象(O)/最近的(L)/Z 轴(Z)/视图(V)/XY 平面(XY)/YZ
平面(YZ)/ZX 平面(ZX)/三点(3)] <三点>:           *指定镜像平面的第一个点*
在镜像平面上指定第二点:                      *指定镜像平面的第二个点*
在镜像平面上指定第三点:                      *指定镜像平面的第三个点*
是否删除源对象? [是(Y)/否(N)] <否>:             *是否将源对象删除*
```

(八)旋转

(1) 功能。

使对象在三维空间绕轴旋转。

(2) 调用命令。

① 命令行:输入 3DROTATE 或 3R,按回车键。

② 菜单:执行"修改"→"三维操作"→"三维旋转"命令。

(3) 操作步骤。

```
命令: _3drotate
UCS 当前的正角方向: ANGDIR=逆时针 ANGBASE=0
选择对象: 指定对角点: 找到 4 个              *选择对象,系统提示选择对象的个数*
选择对象:                               *回车或右击鼠标结束选择对象*
指定基点:                              *指定旋转所围绕的基点*
拾取旋转轴:                             *选择旋转轴*
指定角的起点或输入角度:                      *指定旋转的起点或旋转角度*
正在重生成模型。
```

(九)剖切

(1) 功能。

可以切开现有实体并删除指定部分,从而创建新的实体。

(2) 调用命令。

① 命令行:输入 SLICE 或 SL,按回车键。

② 菜单:执行"修改"→"三维操作"→"剖切"命令。

(3)　操作步骤。

```
命令：_slice
选择要剖切的对象：　指定对角点：找到 1 个　　　　　*选择对象，系统提示选择对象的个数*
选择要剖切的对象：　　　　　　　　　　　　　　　　　　*选择要剖切的对象*
指定切面的起点或 [平面对象(O)/曲面(S)/Z 轴(Z)/视图(V)/XY(XY)/YZ(YZ)/ZX(ZX)/三点
(3)] <三点>：yz　　　　　　　　　　　　　*用三点法或其他方法确定剖切面*
指定 yz 平面上的点 <0,0,0>：　　　　　　　　　*指定与 YZ 平行的剖切面上的点*
在所需的侧面上指定点或 [保留两个侧面(B)] <保留两个侧面>：　*指定要保留的一侧*
```

(十)编辑实体

(1)　功能。

AutoCAD 提供了功能强大的实体编辑功能，命令为 Solidedit，它可对三维实体的边、面和体分别进行编辑和修改。

(2)　调用命令。

①　命令行：输入 SOLIDEDIT，按回车键。

②　菜单：执行"修改"→"三维编辑"命令。

(3)　操作步骤。

```
命令：_solidedit
实体编辑自动检查：SOLIDCHECK=1
输入实体编辑选项 [面(F)/边(E)/体(B)/放弃(U)/退出(X)] <退出>：
```

执行此命令，可以对实体面进行拉伸、移动、偏移、删除、旋转、倾斜、着色和复制等操作，也可以对三维实体的边进行复制和着色，还以可对实体进行压印、清除、分割、抽壳与检查等操作。

(十一)圆角、倒角

AutoCAD 提供的对三维实体进行倒圆角和倒直角的命令，与二维图形中的倒圆角和倒直角命令相同，都是 Fillet。启动该命令的方法与前面介绍的相同，只是提示顺序有所不同。

实体模型具有线框模型和表面模型所没有的空间特征，其内部是实心的，所以用户可以进行各种编辑操作，如穿孔、切割、倒角和布尔运算，也可以分析其质量、体积、重心等物理特性。实体模型可能为一些工程应用，如数控加工、有限元分析等提供数据。也可以对三维实体进行复制、删除、移动等操作，其操作方法与二维图形类似，此处不再介绍。

三、任务实施

第一步　设置绘图环境。

设置绘图界限为 297×210。

设置图层：细点画线层(点画线)、截面层、实体层(粗实线)等

第二步　调出工具栏。

坐标系(Ucs)、视点(View)、实体(Solids)、实体编辑(Solids Edilting)工具栏。

单击"视点"工具栏上的"俯视图"按钮，切换到二维模式绘图。

第三步　绘制底板。

① 绘制底板俯视图。设置实体层为当前层。首先绘制长度为 200 mm、宽度为 120 mm 的长方形，并将其倒两次 R 为 30 mm 的圆角，然后定位，绘制两个直径为 44 mm 的圆，如图 8-27(a)所示。

② 将长方形转化成面域(如果用矩形或多段线命令绘制长方形，则不需要转化)。

③ 将长方形和两个圆分别拉伸 25 mm，形成一个带圆角的长方体底板和两个圆柱。单击"视点"工具栏上的"西南等轴测"按钮，转换为三维视图模式，如图 8-27(b)所示。

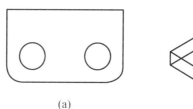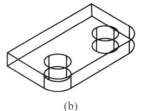

(a)   (b)

图 8-27 执行命令后的图形

④ 布尔运算，从底板中减去内圆柱。

命令：_subtract 选择要从中减去的实体或面域...   *输入命令*
选择对象：找到 1 个   *单击长方体*
选择对象：   *回车或右击鼠标切换内容*
选择要减去的实体或面域
选择对象：找到 2 个   *单击要减去的两个圆柱体*
选择对象：   *回车或右击鼠标结束命令*

第四步 绘制立板。

① 新建 UCS 坐标系。

指定长方体的左上角点为新原点，指定长方体的左下角点为 X 轴正向，指定右上角点为 Y 轴正向。

② 绘制立板截面图，并拉伸截面为实体。

设置截面层为当前层，启用多段线命令绘制立板的后表面(过程略)。

设置实体层为当前层，拉伸截面为厚 60 mm 的实体(输入拉伸高度为-60 mm)(过程略)。

③ 布尔运算，从立板中减去内圆柱。

第五步 绘制肋板。

① 设置截面层为当前层，启用多段线命令绘制两个肋板的后截面(过程略)。

② 设置实体层为当前层，启用拉伸命令拉伸截面为厚 30 mm 的实体(过程略)。

第六步 并运算。

选择底板、立板、两个肋板，将其并在一起，如图 8-27(a)所示。

第七步 关闭 UCS 坐标系。

单击 按钮，显示 UCS 对话框。在"设置"选项卡中单击"关闭 UCS"，最后单击"确定"按钮。

第八步 消隐。

执行"视图"→"消隐"命令，如图 8-28(b)所示。

第九步 效果。

执行"视图"→"真实"命令，如图8-28(c)所示。

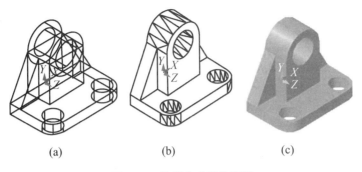

(a)   (b)   (c)

图 8-28 执行命令后的图形

附　　录

附录 A　螺纹

附表 A-1　普通螺纹直径与螺距

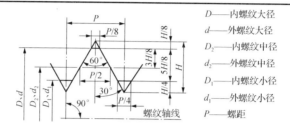

D——内螺纹大径
d——外螺纹大径
D_2——内螺纹中径
d_2——外螺纹中径
D_1——内螺纹小径
d_1——外螺纹小径
P——螺距

标记示例:

　　M10-6g (粗牙普通外螺纹,公称直径 d = M10,右旋、中径及大径公差带均为 6g,中等旋合长度)

　　M10×1LH-6H (细牙普通内螺纹,公称直径 D = M10,螺距 P = 1,左旋、中径及小径公差带均为 6H,中等旋合长度)

单位:mm

公称直径 D、d			螺距 p		粗牙螺纹小径
第一系列	第二系列	第三系列	粗牙	细牙	D_1、d_1
4	—	—	0.7	0.5	3.242
5	—	—	0.8		4.134
6	—	—	1	0.75、(0.5)	4.917
—	—	7			5.917
8	—	—	1.25	1、0.75、(0.5)	6.647
10	—	—	1.5	1.25、1、0.75、(0.5)	8.376
12	—	—	1.75	1.5、1.25、1、(0.75)、(0.5)	10.106
—	14	—	2		11.835
—	—	15		1.5、(1)	13.376
16	—	—	2	1.5、1、(0.75)、(0.5)	13.835
—	18	—		2、1.5、1、(0.75)、(0.5)	15.294
20	—	—	2.5		17.294
—	22	—			19.294
24	—	—	3	2、1.5、1、(0.75)	20.752
—	—	25	—	2、1.5、(1)	22.835
—	27	—	3	2、1.5、1、(0.75)	23.752
30	—	—	3.5	(3)、2、1.5、1、(0.75)	26.211
—	33	—		(3)、2、1.5、1、(0.75)	29.211
—	—	35	—	1.5	33.376
36	—	—	4	3、2、1.5、(1)	31.670
—	39	—			34.670

注:1. 优先选用第一系列,其次是第二系列,第三系列尽可能不用。

　　2. 括号内尺寸尽可能不用。

　　3. M14×1.25 仅用于火花塞,M35×1.5 仅用于滚动轴承锁紧螺母。

　　4. 带*号的为细牙参数,是对应于第一种细牙螺距的小径尺寸。

　　5. 摘自 GB/T 192、193、195—2003。

附表 A-2　管螺纹

用螺纹密封的管螺纹

(摘自 GB/T 7306.1—2000)

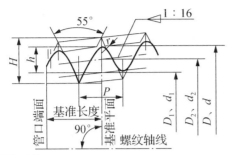

非螺纹密封的管螺纹

(摘自 GB/T 7307—2001)

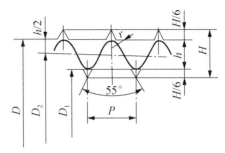

标记示例：

R 1/2 (尺寸代号 1/2 ,右旋圆锥外螺纹)

Rc 1/2-LH (尺寸代号 1/2,左旋圆锥内螺纹)

Rp 1/2 (尺寸代号 1/2 ,右旋圆柱内螺纹)

标记示例：

G1/2—LH (尺寸代号 1/ 2,左旋内螺纹)

G1/2A (尺寸代号 1/2, A 级右旋外螺纹)

G1/2B—LH (尺寸代号 1/ 2, B 级左旋外螺纹)

尺寸代号	基面上的直径(GB/T 7306) 基本直径(GB/T 7307)			螺距 P /mm	牙高 h /mm	圆弧半径 R /mm	每25.4mm 内的牙数 N	有效螺纹长度 /mm	基准的基本长度 / mm
	大径 $d=D$ /mm	中径 $d_2 = D_2$ /mm	小径 $d_1 =D_1$ /mm						
1/16	7.723	7.142	6.561	0.907	0.581	0.125	28	6.5	4.0
1/8	9.728	9.147	8.566					6.5	4.0
1/4	13.157	12.301	11.445	1.337	0.856	0.184	19	9.7	6.0
3/8	16.662	15.806	14.950					10.1	6.4
1/2	20. 955	19.793	18.631	1.814	1.162	0.249	14	13.2	8.2
3/4	26.411	25.279	24.117					14.5	9.5
1	33.249	31.770	30.291					16.8	10.4
$1\frac{1}{4}$	41.910	40.431	28.952					19.1	12.7
$1\frac{1}{2}$	47.803	46.324	44.845					19.1	12.7
2	59.614	58.135	56.656					23.4	15.9
$2\frac{1}{2}$	75.184	73.705	72.226	2.309	1.479	0.317	11	26.7	17.5
3	87.884	86.405	84.926					29.8	20.6
4	113.030	111.551	110.072					35.8	25.4
5	138.430	136.951	135.472					40.1	28.6
6	163.830	162.351	160.872					40.1	28.6

附表 A-3 常用的螺纹公差带

螺纹种类	精度	外螺纹			内螺纹		
		S	N	L	S	N	L
普通螺纹 (GB/T 197—2003)	中等	(5g6g) (5h6h)	*6g，* 6e *6h，* 6f	(7g6g) (7h6h)	*5H (5G)	*6H (6G)	*7H (7G)
	粗糙	—	8g，(8h)	—	—	7H，(7G)	—
梯形螺纹 (GB/T 5796.4—2005)	中等	—	7h，7e	8e	—	7H	8H
	粗糙	—	8e，8c	8c	—	8H	9H

注：1. 大量生产的精制紧固件螺纹，推荐采用带下划线的公差带。

2. 带*的公差带优先选用，括号内的公差带尽可能不用。

3. 两种精度选用原则：中等用于一般用途，粗糙是对精度要求不高时采用。

附录 B 常用的标准件

附表 B-1 六角头螺栓

六角头螺栓 C 级(摘自 GB/T 5780—2000)

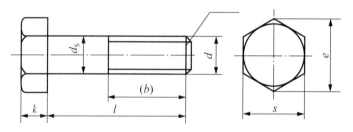

标记示例：

螺栓 GB/T 5780 M20 × 100 (螺纹规格 d = M20，公称长度 L=100，性能等级为 4.8 级，不经表面处理，杆身半螺纹，产品等级为 C 级的六角头螺栓)

六角头螺栓 全螺纹 C 级(摘自 GB/T 5781—2000)

辗制末端

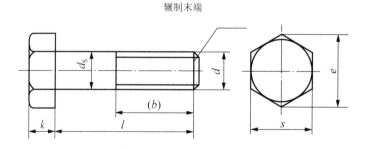

标记示例：

螺栓 GB/T 5781 M12×80 (螺纹规格 d = M12，公称长度 L =80，性能等级为 4.8 级，不经表面处理，全螺纹，产品等级为 C 级的六角头螺栓)

单位：mm

螺纹规格/d		M5	M6	M8	M10	M12	M16	M20	M24	M30	M36	M42	M48
b 参考	l 公称≤12.5	16	18	22	26	30	38	40	54	66	78	—	—
	125<l 公称≤200	—	—	28	32	36	44	52	60	72	84	96	108
	l 公称>200						57	65	73	85	97	109	121
x 公称		3.5	4.0	5.3	6.4	7.5	10	12.5	15	18.7	22.5	26	30
S_{min}		8	10	13	16	18	24	30	36	46	55	65	75
e_{max}		8.63	10.9	14.2	17.6	19.9	26.2	33.0	39.6	50.9	60.8	72.0	82.6
ds_{max}		5.48	6.48	8.58	10.6	12.7	16.7	20.8	24.8	30.8	37.0	45.0	49.0
l 范围	GB/T 5780	25~50	30~60	35~80	40~100	45~120	55~160	65~200	80~240	90~300	110~300	160~420	180~480
	GB/T 5781	10~40	12~50	16~65	20~80	25~100	35~100	40~100	50~100	60~100	70~100	80~420	90~480
l 公称		10、12、16、20~50(5 进位)、(55)、60、(65)、70~160(10 进位)、180、220~500(20 进位)											

注：1. 括号内的规格尽可能不用。末端按 GB/T 2 规定执行。

2. 螺纹公差：8 g (GB/T 5780)，6 g(GB/T 5781)，力学性能等级有 4.6 级、4.8 级，产品等级 C。

附表 B-2　双头螺柱

$b_m=1d$ (GB/T 897—1988)　　$b_m=1 25d$ (GB/T 898—1988)

$b_m=1.5d$ (GB/T 899—1988)　　$b_m=2d$ (GB/T 900—1988)

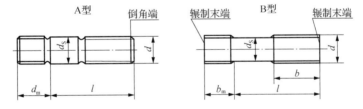

标记示例：

螺柱 GB/T 900 M10×50(两端均为粗牙普通螺纹，d=M10，l=50，性能等级为 4.8 级、不经表面处理，B 型，$b_m=2d$ 的双头螺柱)

螺柱 GB/T 900 AM10-10×1×50(旋入机体一端为粗牙普通螺纹，旋螺母端为螺距 P=1 的细牙普通螺纹，d=M10，l=50，性能等级为 4.8 级，不经表面处理，A 型、$b_m=2d$ 的双头螺柱)

单位：mm

螺纹规格	b_m (旋入机体端长度)				L(螺柱长度)		
(d)	GB/T 897	GB/T 898	GB/T 899	GB/T 900	b(旋螺母端长度)		
M4			6	8	16~22	25~40	
					8	14	
M5	5	6	8	10	16~22	25~50	
					10	16	
M6	6	8	10	12	20~22	25~30	32~75
					10	14	18
M8	8	10	12	16	20~22	25~30	32~90
					12	16	22

螺纹规格 (d)	bm (旋入机体端长度)				L(螺柱长度)				
	GB/T 897	GB/T 898	GB/T 899	GB/T 900	b(旋螺母端长度)				
M10	10	12	15	20	25~28	30~38	40~120	130	
					14	16	26	32	
M12	12	15	18	24	25~30	32~40	45~120	130~180	
					16	20	30	36	
M16	16	20	24	32	30~38	40~55	60~120	130~200	
					20	30	38	44	
M20	20	25	30	40	35~40	45~65	70~120	130~200	
					25	35	46	52	
(M24)	24	30	36	48	45~50	55~75	80~120	130~200	
					30	45	54	60	
(M30)	30	38	45	60	60~65	70~90	95~120	130~200	210~250
					40	50	66	72	85
M36	36	45	54	72	65~75	80~110	120	130~200	210~300
					45	60	78	84	97
M42	42	52	63	84	70~80	85~110	120	130~200	210~300
					50	70	90	96	109
M48	48	60	72	96	80~90	95~110	120	130~200	210~300
					60	80	102	108	121
l 公称	12、(14)、16、(18)、20、(22)、25、(28)、30、(32)、35、(38)、40、45、50、55、60、(65)70、75、80、(85)、90、(95)、100~260(10 进位)、280、300								

注: 1. 尽可能不采用括号内的规格。末端按 GB/T 2 规定执行。

    2. $b_m=1d$，一般用刚对钢；$b_m=(1.25\sim1.5)d$，一般用于刚对铸铁；$b_m=2d$，一般用于刚对铝合金。

开槽圆柱头螺钉(GB/T 65—2000)

开槽盘头螺钉(GB/T 67—2000)

开槽沉头蟝钉(GB/T 68—2000)

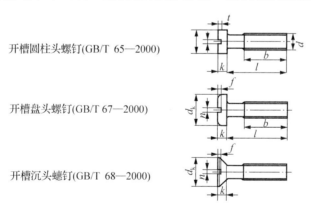

标记示例:

    螺钉 GB/T 65—2000 M5×50 (螺纹规格 d = M5、l=50，性能等级为 4.8 级、不经表面处理的开槽圆柱头螺钉)

附表 B-3   螺钉

单位：mm

螺纹规格 d		M1.6	M2	M2.5	M3	(M3.5)	M4	M5	M6	M8	M10
n 公称		0.4	0.5	0.6	0.8	1	1.2	1.2	1.6	2	2.5
GB/T 65	d_{kmax}	3	3.8	4.5	5.5	6	7	8.5	10	13	16
	k_{max}	1.1	1.4	1.8	2	2.4	2.6	3.3	3.9	5	6

续表

GB/T 65	l_{min}	0.45	0.6	0.7	0.85	1	1.1	1.3	1.6	2	2.4
	l 范围	2～16	3～20	3～25	4～30	5～35	5～40	6～50	8～60	10～80	12～80
GB/T 67	d_{kmax}	3.2	4	5	5.6	7	8	9.5	12	16	20
	k_{max}	1	1.3	1.5	1.8	2.1	2.4	3	3.6	4.8	6
	l_{min}	0.35	0.5	0.6	0.7	0.8	1	1.2	1.4	1.9	2.4
	l 范围	2～16	2.5～20	3～25	4～30	5～35	5～40	6～50	8～60	10～80	12～80
GB/T 68	$d_{k\,max}$	3	3.8	4.7	5.5	7.3	8.4	9.3	11.3	15.8	18.3
	k_{max}	1	1.2	1.5	1.65	2.35	2.7	2.7	3.3	4.65	5
	l_{min}	0.32	0.4	0.5	0.6	0.9	1	1.1	1.2	1.8	2
	l 范围	2.5～16	3～20	4～25	5～30	6～35	6～40	8～50	8～60	10～80	12～80
l 系列		2、2.5、3、4、5、6、8、10、12、(14)、16、20、25、30、35、40、45、50、(55)、60、(65)、70、(75)、80									

注：1. 尽可能不采用括号内的规格。

2. 商品规格 M1.6～M10。

3. 摘自 GB/T65—2000、67—2000、68—2000。

附表 B-4　六角螺母 C 级

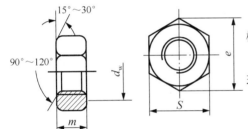

标记示例：

螺母 GB/T41 M12

（螺纹规格 D=M12，性能等级为5级，不经表面处理，产品等级为C级的六角螺母）

单位：mm

螺纹规格	M5	M6	M8	M10	M12	M16	M20	M24	M30	M36	M42	M48	M56
S_{max}	8	10	13	16	18	24	30	36	46	55	65	75	95
e_{min}	8.63	10.9	14.2	17.6	19.9	26.2	33.0	39.6	50.9	60.8	72.0	82.6	104.86
m_{max}	5.6	6.1	7.9	9.5	12.2	15.9	18.7	22.3	26.4	31.5	34.9	38.9	45.9
d_w	6.9	8.7	11.5	14.5	16.5	22.0	27.7	33.2	42.7	51.1	60.6	69.4	88.2

注：摘自 GB/T 41—2000。

附表 B-5　垫圈

单位：mm

平垫圈 A 级(摘自 GB/T 97.1)　　　　平垫圈 C 级(摘自 GB/T 95—2002)

平垫圈倒角型 A 级(摘自 GB/T 97.2)　　标准型弹簧垫圈(摘自 GB/T 93—1987)

平垫片　　　倒角型平垫圈　　　标准型弹簧垫圈　　　弹簧垫圈开口画法

机械制图与CAD

续表

标记示例：

垫圈 GB/T 958—100 HV (标准系列，规格8，性能等级为100HV级，不经表面处理，产品等级为C级的平垫圈)

垫圈 GB/T 9310(规格10，材料为65Mn，表面氧化的标准型弹簧垫圈)

单位：mm

公称尺寸 d (螺纹规格)		4	5	6	8	10	12	14	16	20	24	30	36	42	48
GB/T 97.1 (A 级)	d_1	4.3	5.3	6.4	8.4	10.5	13.0	15	17	21	25	31	37	—	—
	d_2	9	10	12	16	20	24	28	30	37	44	56	66	—	—
	h	0.8	1	1.6	1.6	2	2.5	2.5	3	3	4	4	5	—	—
GB/T 97.2 (A 级)	d_1	—	5.3	6.4	8.4	10.5	13	15	17	21	25	31	37	—	—
	d_2	—	10	12	16	20	24	28	30	37	44	56	66	—	—
	h	—	1	1.6	1.6	2	2.5	2.5	3	3	4	4	5	—	—
GB/T 95 (C 级)	d_1	—	5.5	6.6	9	11	13.5	15.5	17.5	22	26	33	39	45	52
	d_2	—	10	12	16	20	24	28	30	37	44	56	66	78	92
	h	—	1	1.6	1.6	2	2.5	2.5	3	3	4	4	5	8	8
GB/T 93	d_1	4.1	5.1	6.1	8.1	10.2	12.2	—	16.2	20.2	24.5	30.5	36.5	42.5	48.5
	$S=b$	1.1	1.3	1.6	2.1	2.6	3.1	—	4.1	5	6	7.5	9	10.5	12
	H	2.8	3.3	4	5.3	6.5	7.8	—	10.3	12.5	15	18.6	22.5	26.3	30

注：1. A 级适用于精装配系列，C 级适用于中等装配系列。

2. C 级垫圈没有 Ra3.2mm 和去毛刺的要求。

附表 B-6　圆柱销不淬硬钢和奥氏体不锈钢

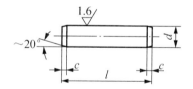

标记示例：

销 GB/T 119.1 10 m6 × 90 (公称直径 d =100，公差为 m6，公称长度 l=90，材料为钢，不经表面处理的圆柱销)

销 GB/T 119.1 10 m6 × 90—A1 (公称直径 d=10，公差为 m6，公称长度 l=90，材料为 A1 组奥氏体不锈钢，表面简单处理的圆柱销)

单位：mm

d 公称	2	2.5	3	4	5	6	8	10	12	16	20	25
C≈	0.35	0.4	0.5	0.63	0.8	1.2	1.6	2.0	2.5	3.0	3.5	4.0
l 范围	6～20	6～24	8～30	8～40	10～50	12～60	14～80	18～95	22～140	26～180	35～200	50～200
L 公称	2、3、4、5、6.32(2 进位)、35.100(5 进位)、120.200(20 进位)(公称长度大于200、按20 递增)											

注：摘自 GB/T 119.1—2000。

附表 B-7　圆锥销

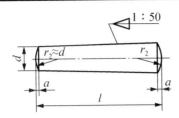

A型(磨削)：锥面表面粗糙度 $Ra=0.8\,\mu m$
B型(切削或冷镦)：锥面表面粗糙度 $Ra=3.2\,\mu m$

$$r_2 = \frac{a}{2} + d + \frac{(0.021)^2}{8a}$$

标记示例：

销 GB/T 117 6×30(公称直径 d=6，公称长度 l=30，材料为 35 钢，热处理硬度 28～38HRC，表面氧化处理的 A 型圆锥销)

单位：mm

d 公称	2	2.5	3	4	5	6	8	10	12	16	20	25
a ≈		0.25	0.3	0.4	0.5	0.63	0.8	1.0	1.2	1.6	2.0	2.5	3.0
l 范围	10～35	10～35	12～45	14～55	18～60	22～90	22～120	26～160	32～180	40～200	45～200	50～200
L 公称	2、3、4、5、6.32 (2 进位)、35.100 (5 进位)、120.200 (20 进位)(公称长度大于 200，按 20 递增)											

注：摘自 GB/T 117—2000。

附表 B-8　滚动轴承

单位：mm

轴承型号	尺寸			轴承型号	尺寸					轴承型号	尺寸			
	d	D	B		d	D	B	C	T		d	D	T	d_1
尺寸系列[(0)4]				尺寸系列[13]						尺寸系列[14]				
6403	17	62	17	31 305	25	62	17	13	18.25	51 405	25	60	24	27
6404	20	72	19	31 306	30	72	19	14	20.75	51 406	30	70	28	32
6405	25	80	21	31 307	35	80	21	15	22.72	51 407	35	80	32	37
6406	30	90	23	31 308	40	90	23	17	25.25	51 408	40	90	36	42
6407	35	100	25	31 309	45	100	25	18	27.25	51 409	45	100	39	47
6408	40	110	27	31 310	50	110	27	19	29.25	51 410	50	110	43	52
6409	45	120	29	31 311	55	120	29	21	31.50	51 411	55	120	48	57
6410	50	130	31	31 312	60	130	31	22	33.50	51 412	60	130	51	62
6411	55	140	33	31 313	65	140	33	23	36.00	51 413	65	140	56	68
6412	60	150	35	31 314	70	150	35	25	38.00	51 414	70	150	60	73
6413	65	160	37	31 315	75	160	37	26	40.00	51 415	75	160	65	78

注：圆括号中的尺寸系列代号在轴承型号中省略。

轴承型号	d	D	B	轴承型号	d	D	B	C	T	轴承型号	d	D	T	d_1
尺寸系列[(0)2]				尺寸系列[(0)2]						尺寸系列[12]				
6202	15	35	11	30 203	17	40	12	11	13.25	51 202	15	32	12	17
6203	17	40	12	30 204	20	47	14	12	15.25	51 203	17	35	12	19
6204	20	47	14	30 205	25	52	15	13	16.25	51 204	20	40	14	22
6205	25	52	15	30 206	30	62	16	14	17.25	51 205	25	47	15	27
6206	30	62	16	30 207	35	72	17	15	18.25	51 206	30	52	16	32
6207	35	72	17	30 208	40	80	18	16	19.75	51 207	35	62	18	37
6208	40	80	18	30 209	45	85	19	16	20.75	51 208	40	68	19	42
6209	45	85	19	30 210	50	90	20	17	21.75	51 209	45	73	20	47
6210	50	90	20	30 211	55	100	21	18	22.75	51 210	50	78	22	52
6211	55	100	21	30 212	60	110	22	19	23.75	51 211	55	90	25	57
6212	60	110	22	30 213	65	120	23	20	24.75	51 212	60	95	26	62
尺寸系列[(0)3]				尺寸系列[03]						尺寸系列[13]				
6302	15	42	13	30 302	15	42	13	11	14.25	51 304	20	47	18	22
6303	17	47	14	30 303	17	47	14	12	15.25	51 305	25	52	18	27
6304	20	52	15	30 304	20	52	15	13	16.25	51 306	30	60	21	32
6305	25	62	17	30 305	25	62	17	15	18.25	51 307	35	68	24	37
6306	30	72	19	30 306	30	72	19	16	20.75	51 308	40	78	26	42
6307	35	80	21	30 307	35	80	21	18	22.72	51 309	45	85	28	47
6308	40	90	23	30 308	40	90	23	20	25.25	51 310	50	95	31	52
6309	45	100	25	30 309	45	100	25	22	27.25	51 311	55	105	35	57
6310	50	110	27	30 310	50	110	27	23	29.25	51 312	60	110	35	62
6311	55	120	29	30 311	55	120	29	25	31.50	51 313	65	115	36	67
6312	60	130	31	30 312	60	130	31	26	33.50	51 314	70	125	40	72

附录 C　极限与配合

附表 C-1　标准公差数值

基本公称尺寸/mm		标准公差等级																	
		IT1	IT2	IT3	IT4	IT5	IT6	IT7	IT8	IT9	IT10	IT11	IT12	IT13	IT14	IT15	IT16	IT17	IT18
大于	至	μm											mm						
—	3	0.8	1.2	2	3	4	6	10	14	25	40	60	0.1	0.14	0.25	0.4	0.6	1	1.4
3	6	1	1.5	2.5	4	5	8	12	18	30	48	75	0.12	0.18	0.3	0.45	0.75	1.2	1.8
6	10	1	1.5	2.5	4	6	9	15	22	36	58	90	0.15	0.22	0.36	0.58	0.9	1.5	2.2
10	18	1.2	2	3	5	8	11	18	27	43	70	110	0.18	0.27	0.43	0.7	1.1	1.8	2.7
18	30	1.5	2.5	4	6	9	13	21	33	52	84	130	0.21	0.33	0.52	0.84	1.3	2.1	3.3
30	50	1.5	2.5	4	7	11	16	25	39	62	100	160	0.25	0.39	0.62	1	1.6	2.5	3.9
50	80	2	3	5	8	13	19	30	46	74	120	190	0.3	0.46	0.74	1.2	1.9	3	4.6
80	120	2.5	4	6	10	15	22	35	54	87	140	220	0.35	0.54	0.87	1.4	2.2	3.5	5.4
120	180	3.5	5	8	12	18	25	40	63	100	160	250	0.4	0.63	1	1.6	2.5	4	6.3
180	250	4.5	7	10	14	20	29	46	72	115	185	290	0.46	0.72	1.15	1.85	2.6	4.6	7.2
250	315	6	8	12	16	23	32	52	81	130	210	320	0.52	0.81	1.3	2.1	3.2	5.2	8.1
315	400	7	9	13	18	25	36	57	89	140	230	360	0.57	0.89	1.4	2.3	3.6	5.7	8.9
400	500	8	10	15	20	27	40	63	97	155	250	400	0.63	0.97	1.55	2.5	4	6.3	9.7
500	630	9	11	16	22	32	44	70	110	175	280	440	0.7	1.1	1.75	2.8	4.4	7	11
630	800	10	13	18	25	36	50	80	125	200	320	500	0.8	1.25	2	3.2	5	8	12.5
800	1000	11	15	21	28	40	56	90	140	230	360	560	0.9	1.4	2.3	3.6	5.6	9	14
1000	1250	13	18	24	33	47	66	105	165	260	420	660	1.05	1.65	2.6	4.2	6.6	10.5	16.5
1250	1600	15	21	29	39	55	78	125	195	310	500	780	1.25	1.95	3.1	5	7.8	12.5	19.5
1600	2000	18	25	35	46	65	92	150	230	370	600	920	1.5	2.3	3.7	6	9.2	15	23
2000	2500	22	30	41	55	78	110	175	280	440	700	1100	1.75	2.8	4.4	7	11	17.5	28
2500	3150	26	36	50	68	96	135	210	330	540	560	1350	2.1	3.3	5.4	8.6	13.5	21	33

注：1. 公称尺寸大于 500 的 IT1～IT5 的标准公差为试行。

　　2. 公称尺寸小于或等于 1 mm 时，无 IT14～IT18。

　　3. 摘自 GB/T 1800.1—2009。

附表 C-2　轴的基本偏差数值

基本偏差数值/μm

上偏差 es（所有标准公差等级）：列 a～js　　下偏差 ei（所有标准公差等级）：列 j～zc

基本尺寸/mm 大于	至	a	b	c	cd	d	e	ef	f	fg	g	h	js	j (IT5和IT6)	j (IT7)	j (IT8)	k (IT4和IT7～IT7)	k (≤IT3 >IT7)	m	n	p	r	s	t	u	v	x	y	z	za	zb	zc
—	3	-270	-140	-60	-34	-20	-14	-10	-6	-4	-2	0	偏差=±(ITn)/2，式中 ITn 是 IT 值数	-2	-4		0	0	+2	+4	+6	+10	+14	—	+18		+20		+26	+32	+40	+60
3	6	-270	-140	-70	-46	-30	-20	-14	-8	-6	-4			-2	-4	-6	+1		+4	+8	+12	+15	+19	—	+23		+28		+35	+42	+50	+80
6	10	-280	-150	-80	-56	-40	-25	-18	-13	-8	-5	0		-2	-5		+1	0	+6	+10	+15	+19	+23	—	+28		+34		+42	+52	+67	+97
10	14	-290	-150	-95		-50	-32		-16		-6			-3	-6		+1		+7	+12	+18	+23	+28	—	+33		+40		+50	+64	+90	+130
14	18																									+39	+45		+60	+77	+108	+150
18	24	-300	-160	-110		-65	-40		-20		-7	0		-4	-8		+2	0	+8	+15	+22	+28	+35	—	+41	+47	+54	+63	+73	+98	+136	+188
24	30																							+41	+48	+55	+64	+75	+88	+118	+160	+218
30	40	-310	-170	-120		-80	-50		-25		-9			-5	-10		+2		+9	+17	+26	+34	+43	+48	+60	+68	+80	+94	+112	+148	+200	+274
40	50	-320	-180	-130																				+54	+70	+81	+97	+114	+136	+180	+242	+325
50	65	-340	-190	-140		-100	-60		-30		-10	0		-7	-12		+2	0	+11	+20	+32	+41	+53	+66	+87	+102	+122	+144	+172	+226	+300	+405
65	80	-360	-200	-150																		+43	+59	+75	+102	+120	+146	+174	+210	+274	+360	+480
80	100	-380	-220	-170		-120	-72		-36		-12			-9	-15		+3		+13	+23	+37	+51	+71	+91	+124	+146	+178	+214	+258	+335	+445	+585
100	120	-410	-240	-180																		+54	+79	+104	+144	+172	+210	+254	+310	+400	+525	+690
120	140	-460	-260	-200		-145	-85		-43		-14	0		-11	-18		+3	0	+15	+27	+43	+63	+92	+122	+170	+202	+248	+300	+365	+470	+620	+800
140	160	-520	-280	-210																		+65	+100	+134	+190	+228	+280	+340	+415	+535	+700	+900
160	180	-580	-310	-230																		+68	+108	+146	+210	+252	+310	+380	+465	+600	+780	+1000
180	200	-660	-340	-240		-170	-100		-50		-15			-13	-21		+4		+17	+31	+50	+77	+122	+166	+236	+284	+350	+425	+520	+670	+880	+1150
200	225	-740	-380	-260																		+80	+130	+180	+258	+310	+385	+470	+575	+740	+960	+1250
225	250	-820	-420	-280																		+84	+140	+196	+284	+340	+425	+520	+640	+820	+1050	+1350
250	280	-920	-480	-300		-190	-110		-56		-17	0		-16	-26		+4	0	+20	+34	+56	+94	+158	+218	+315	+385	+475	+580	+710	+920	+1200	+1550
280	315	-1050	-540	-330																		+98	+170	+240	+350	+425	+525	+650	+790	+1000	+1300	+1700
315	355	-1200	-600	-360		-210	-125		-62		-18			-18	-28		+4		+21	+37	+62	+108	+190	+268	+390	+475	+590	+730	+900	+1150	+1500	+1900
355	400	-1350	-680	-400																		+114	+208	+294	+435	+532	+660	+820	+1000	+1300	+1650	+2100
400	450	-1500	-760	-440		-230	-135		-68		-20	0		-20	-30		+5	0	+23	+40	+68	+126	+232	+330	+490	+595	+740	+920	+1100	+1450	+1850	+2400
450	500	-1650	-840	-480																		+132	+252	+360	+540	+660	+820	+1000	+1250	+1600	+2100	+2600

注：
1. 基本尺寸不大于 1 时，基本偏差 a 和 b 均不采用。
2. 公差带 js～js11，若 ITn 是奇数，则取偏差=±(ITn-1)/2。
3. 摘自 GB/T 1800.3。

附表 C-3 孔的基本偏差数值

基本偏差数值/μm

基本尺寸/mm 大于	至	A	B	C	CD	D	E	EF	F	FG	G	H	JS	J IT6	J IT7	J IT8	K ≤IT8	K >IT8	M ≤IT8	M >IT8	N ≤IT8	N >IT8	P至ZC ≤IT7	P	R	S	T	U	V	X	Y	Z	ZA	ZB	ZC	Δ IT3	Δ IT4	Δ IT5	Δ IT6	Δ IT7	Δ IT8
—	3	+270	+140	+60	+34	+20	+14	+10	+6	+4	+2	0	偏差=±(ITn)/2,式中ITn是IT值数	+2	+4	+6	0	0	-2	-2	-4	-4	在大于IT7的相应数值上增加一个Δ值	-6	-10	-14	—	-18	—	-20	—	-26	-32	-40	-60	0	0	0	0	0	0
3	6	+270	+140	+70	+46	+30	+20	+14	+10	+6	+4	0		+5	+6	+10	-1+Δ	0	-4+Δ	-4	-8+Δ	0		-12	-15	-19	—	-23	—	-28	—	-35	-42	-50	-80	1	1.5	1	3	4	6
6	10	+280	+150	+80	+56	+40	+25	+18	+13	+8	+5	0		+5	+8	+12	-1+Δ	0	-6+Δ	-6	-10+Δ	0		-15	-19	-23	—	-28	—	-34	—	-42	-52	-67	-97	1	1.5	2	3	6	7
10	14	+290	+150	+95	—	+50	+32	—	+16	—	+6	0		+6	+10	+15	-1+Δ	0	-7+Δ	-7	-12+Δ	0		-18	-23	-28	—	-33	—	-40	—	-50	-64	-90	-130	1	2	3	3	7	9
14	18	+290	+150	+95	—	+50	+32	—	+16	—	+6	0		+6	+10	+15	-1+Δ	0	-7+Δ	-7	-12+Δ	0		-18	-23	-28	—	-33	—	-45	—	-60	-77	-108	-150	1	2	3	3	7	9
18	24	+300	+160	+110	—	+65	+40	—	+20	—	+7	0		+8	+12	+20	-2+Δ	0	-8+Δ	-8	-15+Δ	0		-22	-28	-35	—	-41	-39	-54	-63	-73	-98	-136	-188	1.5	2	3	4	8	12
24	30	+300	+160	+110	—	+65	+40	—	+20	—	+7	0		+8	+12	+20	-2+Δ	0	-8+Δ	-8	-15+Δ	0		-22	-28	-35	-41	-48	-47	-64	-75	-88	-118	-160	-218	1.5	2	3	4	8	12
30	40	+310	+170	+120	—	+80	+50	—	+25	—	+9	0		+10	+14	+24	-2+Δ	0	-9+Δ	-9	-17+Δ	0		-26	-34	-43	-48	-60	-55	-80	-94	-112	-148	-200	-274	1.5	3	4	5	9	14
40	50	+320	+180	+130	—	+80	+50	—	+25	—	+9	0		+10	+14	+24	-2+Δ	0	-9+Δ	-9	-17+Δ	0		-26	-34	-43	-54	-70	-68	-97	-114	-136	-180	-242	-325	1.5	3	4	5	9	14
50	65	+340	+190	+140	—	+100	+60	—	+30	—	+10	0		+13	+18	+28	-2+Δ	0	-11+Δ	-11	-20+Δ	0		-32	-41	-53	-66	-87	-81	-122	-144	-172	-226	-300	-405	2	3	5	6	11	16
65	80	+360	+200	+150	—	+100	+60	—	+30	—	+10	0		+13	+18	+28	-2+Δ	0	-11+Δ	-11	-20+Δ	0		-32	-43	-59	-75	-102	-102	-146	-174	-210	-274	-360	-480	2	3	5	6	11	16
80	100	+380	+220	+170	—	+120	+72	—	+36	—	+12	0		+16	+22	+34	-3+Δ	0	-13+Δ	-13	-23+Δ	0		-37	-51	-71	-91	-124	-120	-178	-214	-258	-335	-445	-585	2	4	5	7	13	19
100	120	+410	+240	+180	—	+120	+72	—	+36	—	+12	0		+16	+22	+34	-3+Δ	0	-13+Δ	-13	-23+Δ	0		-37	-54	-79	-104	-144	-146	-210	-254	-310	-400	-525	-690	2	4	5	7	13	19
120	140	+460	+260	+200	—	+145	+85	—	+43	—	+14	0		+18	+26	+41	-3+Δ	0	-15+Δ	-15	-27+Δ	0		-43	-63	-92	-122	-170	-172	-248	-300	-365	-470	-620	-800	3	4	6	7	15	23
140	160	+520	+280	+210	—	+145	+85	—	+43	—	+14	0		+18	+26	+41	-3+Δ	0	-15+Δ	-15	-27+Δ	0		-43	-65	-100	-134	-190	-202	-280	-340	-415	-535	-700	-900	3	4	6	7	15	23
160	180	+580	+310	+230	—	+145	+85	—	+43	—	+14	0		+18	+26	+41	-3+Δ	0	-15+Δ	-15	-27+Δ	0		-43	-68	-108	-146	-210	-228	-310	-380	-465	-600	-780	-1000	3	4	6	7	15	23
180	200	+660	+340	+240	—	+170	+100	—	+50	—	+15	0		+22	+30	+47	-4+Δ	0	-17+Δ	-17	-31+Δ	0		-50	-77	-122	-166	-236	-252	-350	-425	-520	-670	-880	-1150	3	4	6	9	17	26
200	225	+740	+380	+260	—	+170	+100	—	+50	—	+15	0		+22	+30	+47	-4+Δ	0	-17+Δ	-17	-31+Δ	0		-50	-80	-130	-180	-258	-284	-385	-470	-575	-740	-960	-1250	3	4	6	9	17	26
225	250	+820	+420	+280	—	+170	+100	—	+50	—	+15	0		+22	+30	+47	-4+Δ	0	-17+Δ	-17	-31+Δ	0		-50	-84	-140	-196	-284	-310	-425	-520	-640	-820	-1050	-1350	3	4	6	9	17	26
250	280	+920	+480	+300	—	+190	+110	—	+56	—	+17	0		+25	+36	+55	-4+Δ	0	-20+Δ	-20	-34+Δ	0		-56	-94	-158	-218	-315	-340	-475	-580	-710	-920	-1200	-1550	4	4	7	9	20	29
280	315	+1050	+540	+330	—	+190	+110	—	+56	—	+17	0		+25	+36	+55	-4+Δ	0	-20+Δ	-20	-34+Δ	0		-56	-98	-170	-240	-350	-385	-525	-650	-790	-1000	-1300	-1700	4	4	7	9	20	29
315	355	+1200	+600	+360	—	+210	+125	—	+62	—	+18	0		+29	+39	+60	-4+Δ	0	-21+Δ	-21	-37+Δ	0		-62	-108	-190	-268	-390	-425	-590	-730	-900	-1150	-1500	-1900	4	5	7	11	21	32
355	400	+1350	+680	+400	—	+210	+125	—	+62	—	+18	0		+29	+39	+60	-4+Δ	0	-21+Δ	-21	-37+Δ	0		-62	-114	-208	-294	-435	-475	-660	-820	-1000	-1300	-1650	-2100	4	5	7	11	21	32
400	450	+1500	+760	+440	—	+230	+135	—	+68	—	+20	0		+33	+43	+66	-5+Δ	0	-23+Δ	-23	-40+Δ	0		-68	-126	-232	-330	-490	-530	-740	-920	-1100	-1450	-1850	-2400	5	5	7	13	23	34
450	500	+1650	+840	+480	—	+230	+135	—	+68	—	+20	0		+33	+43	+66	-5+Δ	0	-23+Δ	-23	-40+Δ	0		-68	-132	-252	-360	-540	-595	-820	-1000	-1250	-1600	-2100	-2600	5	5	7	13	23	34

下偏差 EI —— A~JS 为所有标准公差等级。
上偏差 ES —— J 为 IT6、IT7、IT8；K、M、N 为 ≤IT8、>IT8；P至ZC(≤IT7) 在大于IT7的相应数值上增加一个Δ值。P至ZC 为标准公差等级大于 IT7。
Δ值 —— 标准公差等级 IT3~IT8。

注:
1. 基本尺寸小于或等于1时，基本偏差A和B及大于IT8的N均不采用。
2. 公差带JS7至JS11，若ITn值数是奇数，则取偏差=±(ITn-1)/2。
3. 对小于或等于IT8的K、M、N和小于或等于IT7的P~ZC，所需Δ值从表内右侧选取。例如，18~30段的K7：Δ=8μm，所以ES=-2+8=+6μm；至30段的S6：Δ=4μm，所以ES=-35+4=-31μm。
4. 特殊情况：250~315段的M6，ES=-9μm（代替-11μm）。
5. 摘自GB/T 1800.3。

附表 C-4　优先及常用配合轴的极限偏差表

基本尺寸/mm 大于	至	a 11	b 11	c *11	d *9	e 8	f *7	g *6	h 5	h *6	h *7	h 8	h *9	h 10	h *11	h 12	js 6	k *6	m 6	n *6	p *6	r 6	s *6	t 6	u *6	v 6	x 6	y 6	z 6
—	3	-270/-330	-140/-200	-60/-120	-20/-45	-14/-28	-6/-16	-2/-8	0/-4	0/-6	0/-10	0/-14	0/-25	0/-40	0/-60	0/-100	±3	+6/0	+8/+2	+10/+4	+12/+6	+16/+10	+20/+14	—	+24/+18	—	+26/+20	—	+32/+26
3	6	-270/-345	-140/-215	-70/-145	-30/-60	-20/-38	-10/-22	-4/-12	0/-5	0/-8	0/-12	0/-18	0/-30	0/-48	0/-75	0/-120	±4	+9/+1	+12/+4	+16/+8	+20/+12	+23/+15	+27/+19	—	+31/+23	—	+36/+28	—	+43/+35
6	10	-280/-370	-150/-240	-80/-170	-40/-76	-25/-47	-13/-28	-5/-14	0/-6	0/-9	0/-15	0/-22	0/-36	0/-58	0/-90	0/-150	±4.5	+10/+1	+15/+6	+19/+10	+24/+15	+28/+19	+32/+23	—	+37/+28	—	+43/+34	—	+51/+42
10	14	-290/-400	-150/-260	-95/-205	-50/-93	-32/-59	-16/-34	-6/-17	0/-8	0/-11	0/-18	0/-27	0/-43	0/-70	0/-110	0/-180	±5.5	+12/+1	+18/+7	+23/+12	+29/+18	+34/+23	+39/+28	—	+44/+33	—	+51/+40	—	+61/+50
14	18	-290/-400	-150/-260	-95/-205	-50/-93	-32/-59	-16/-34	-6/-17	0/-8	0/-11	0/-18	0/-27	0/-43	0/-70	0/-110	0/-180	±5.5	+12/+1	+18/+7	+23/+12	+29/+18	+34/+23	+39/+28	—	+44/+33	+50/+39	+56/+45	—	+71/+60
18	24	-300/-430	-160/-290	-110/-240	-65/-117	-40/-73	-20/-41	-7/-20	0/-9	0/-13	0/-21	0/-33	0/-52	0/-84	0/-130	0/-210	±6.5	+15/+2	+21/+8	+28/+15	+35/+22	+41/+28	+48/+35	—	+54/+41	+60/+47	+67/+54	+76/+63	+86/+73
24	30	-300/-430	-160/-290	-110/-240	-65/-117	-40/-73	-20/-41	-7/-20	0/-9	0/-13	0/-21	0/-33	0/-52	0/-84	0/-130	0/-210	±6.5	+15/+2	+21/+8	+28/+15	+35/+22	+41/+28	+48/+35	+54/+41	+61/+48	+68/+55	+77/+64	+88/+75	+101/+88
30	40	-310/-470	-170/-330	-120/-280	-80/-142	-50/-89	-25/-50	-9/-25	0/-11	0/-16	0/-25	0/-39	0/-62	0/-100	0/-160	0/-250	±8	+18/+2	+25/+9	+33/+17	+42/+26	+50/+34	+59/+43	+64/+48	+76/+60	+84/+68	+96/+80	+110/+94	+128/+112
40	50	-320/-480	-180/-340	-130/-290	-80/-142	-50/-89	-25/-50	-9/-25	0/-11	0/-16	0/-25	0/-39	0/-62	0/-100	0/-160	0/-250	±8	+18/+2	+25/+9	+33/+17	+42/+26	+50/+34	+59/+43	+70/+54	+86/+70	+97/+81	+113/+97	+130/+114	+152/+136
50	65	-340/-530	-190/-380	-140/-330	-100/-174	-60/-106	-30/-60	-10/-29	0/-13	0/-19	0/-30	0/-46	0/-74	0/-120	0/-190	0/-300	±9.5	+21/+2	+30/+11	+39/+20	+51/+32	+60/+41	+72/+53	+85/+66	+106/+87	+121/+102	+141/+122	+163/+144	+191/+172
65	80	-360/-550	-200/-390	-150/-340	-100/-174	-60/-106	-30/-60	-10/-29	0/-13	0/-19	0/-30	0/-46	0/-74	0/-120	0/-190	0/-300	±9.5	+21/+2	+30/+11	+39/+20	+51/+32	+62/+43	+78/+59	+94/+75	+121/+102	+139/+120	+165/+146	+193/+174	+229/+210
80	100	-380/-600	-220/-440	-170/-390	-120/-207	-72/-126	-36/-71	-12/-34	0/-15	0/-22	0/-35	0/-54	0/-87	0/-140	0/-220	0/-350	±11	+25/+3	+35/+13	+45/+23	+59/+37	+73/+51	+93/+71	+113/+91	+146/+124	+168/+146	+200/+178	+236/+214	+280/+258
100	120	-410/-630	-240/-460	-180/-400	-120/-207	-72/-126	-36/-71	-12/-34	0/-15	0/-22	0/-35	0/-54	0/-87	0/-140	0/-220	0/-350	±11	+25/+3	+35/+13	+45/+23	+59/+37	+76/+54	+101/+79	+126/+104	+166/+144	+194/+172	+232/+210	+276/+254	+332/+310

续表

基本尺寸/mm		公差等级																											
大于	至	11	11	*11	*9	8	*7	*6	5	*6	*7	8	*9	10	*11	12	6	*6	6	*6	6	*6	6	*6	6	*6	6	6	6
120	140	-460/-710	-260/-510	-200/-450	-145/-245	-85/-148	-43/-83	-14/-39	0/-18	0/-25	0/-40	0/-63	0/-100	0/-160	0/-250	0/-400	±12.5	+28/+3	+40/+15	+52/+27	+68/+43	+88/+63	+117/+92	+147/+122	+195/+170	+227/+202	+273/+248	+325/+300	+390/+365
140	160	-520/-770	-280/-530	-210/-460	-145/-245	-85/-148	-43/-83	-14/-39	0/-18	0/-25	0/-40	0/-63	0/-100	0/-160	0/-250	0/-400	±12.5	+28/+3	+40/+15	+52/+27	+68/+43	+90/+65	+125/+100	+159/+134	+215/+190	+253/+228	+305/+280	+365/+340	+440/+415
160	180	-580/-830	-310/-560	-230/-480	-145/-245	-85/-148	-43/-83	-14/-39	0/-18	0/-25	0/-40	0/-63	0/-100	0/-160	0/-250	0/-400	±12.5	+28/+3	+40/+15	+52/+27	+68/+43	+93/+68	+133/+108	+171/+146	+235/+210	+277/+252	+335/+310	+405/+380	+490/+465
180	200	-660/-950	-340/-630	-240/-530	-170/-285	-100/-172	-50/-96	-15/-44	0/-20	0/-29	0/-46	0/-72	0/-115	0/-185	0/-290	0/-460	±14.5	+33/+4	+46/+17	+60/+31	+79/+50	+106/+77	+151/+122	+195/+166	+265/+236	+313/+284	+379/+350	+454/+425	+549/+520
200	225	-740/-1030	-380/-670	-260/-550	-170/-285	-100/-172	-50/-96	-15/-44	0/-20	0/-29	0/-46	0/-72	0/-115	0/-185	0/-290	0/-460	±14.5	+33/+4	+46/+17	+60/+31	+79/+50	+109/+80	+159/+130	+209/+180	+287/+258	+339/+310	+414/+385	+499/+470	+604/+575
225	250	-820/-1110	-420/-710	-280/-570	-170/-285	-100/-172	-50/-96	-15/-44	0/-20	0/-29	0/-46	0/-72	0/-115	0/-185	0/-290	0/-460	±14.5	+33/+4	+46/+17	+60/+31	+79/+50	+113/+84	+169/+140	+225/+196	+313/+284	+369/+340	+454/+425	+549/+520	+669/+640
250	280	-920/-1240	-480/-800	-300/-620	-190/-320	-110/-191	-56/-108	-17/-49	0/-23	0/-32	0/-52	0/-81	0/-130	0/-210	0/-320	0/-520	±16	+36/+4	+52/+20	+66/+34	+88/+56	+126/+94	+190/+158	+250/+218	+347/+315	+417/+385	+507/+475	+612/+580	+742/+710
280	315	-1050/-1370	-540/-860	-330/-650	-190/-320	-110/-191	-56/-108	-17/-49	0/-23	0/-32	0/-52	0/-81	0/-130	0/-210	0/-320	0/-520	±16	+36/+4	+52/+20	+66/+34	+88/+56	+130/+98	+202/+170	+272/+240	+382/+350	+457/+425	+557/+525	+682/+650	+822/+790
315	355	-1200/-1560	-600/-960	-360/-720	-210/-350	-125/-214	-62/-119	-18/-54	0/-25	0/-36	0/-57	0/-89	0/-140	0/-230	0/-360	0/-570	±18	+40/+4	+57/+21	+73/+37	+98/+62	+144/+108	+226/+190	+304/+268	+426/+390	+511/+475	+626/+590	+766/+730	+936/+900
355	400	-1350/-1710	-680/-1040	-400/-760	-210/-350	-125/-214	-62/-119	-18/-54	0/-25	0/-36	0/-57	0/-89	0/-140	0/-230	0/-360	0/-570	±18	+40/+4	+57/+21	+73/+37	+98/+62	+150/+114	+244/+208	+330/+294	+471/+435	+566/+530	+696/+660	+856/+820	+1036/+1000
400	450	-1500/-1900	-760/-1160	-440/-840	-230/-385	-135/-232	-68/-131	-20/-60	0/-27	0/-40	0/-63	0/-97	0/-155	0/-250	0/-400	0/-630	±20	+45/+5	+63/+23	+80/+40	+108/+68	+166/+126	+272/+232	+370/+330	+530/+490	+635/+595	+780/+740	+960/+920	+1140/+1100
450	500	-1650/-2050	-840/-1240	-480/-880	-230/-385	-135/-232	-68/-131	-20/-60	0/-27	0/-40	0/-63	0/-97	0/-155	0/-250	0/-400	0/-630	±20	+45/+5	+63/+23	+80/+40	+108/+68	+172/+132	+292/+252	+400/+360	+580/+540	+700/+660	+860/+820	+1040/+1000	+1290/+1250

注: 1. 带*者为优先选用，其他为常用。
2. 摘自 GB/T 1800.3 及 GB/T 1801。

附表 C-5　优先及常用配合孔的极限偏差表

（公差等级；单位 μm）

基本尺寸/mm 大于	至	A 11	B 11	C *11	D *9	E 8	F *8	G 6	G *7	H 6	H *7	H *8	H *9	H 10	H *11	H 12	JS 6	JS 7	K 6	K *7	K 8	M 6	M 7	N 6	N *7	P 6	P *7	R 7	S *7	T 7	U *7
—	3	+330/+270	+200/+140	+120/+60	+45/+20	+28/+14	+20/+6	+8/+2	+12/+2	+6/0	+10/0	+14/0	+25/0	+40/0	+60/0	+100/0	±3	±5	0/-6	0/-10	0/-14	-2/-8	-2/-12	-4/-10	-4/-14	-6/-12	-6/-16	-10/-20	-14/-24	—	-18/-28
3	6	+345/+270	+215/+140	+145/+70	+60/+30	+38/+20	+28/+10	+12/+4	+16/+4	+8/0	+12/0	+18/0	+30/0	+48/0	+75/0	+120/0	±4	±6	+2/-6	+3/-9	+5/-13	-1/-9	0/-12	-5/-13	-4/-16	-9/-17	-8/-20	-11/-23	-15/-27	—	-19/-31
6	10	+370/+280	+240/+150	+170/+80	+76/+40	+47/+25	+35/+13	+14/+5	+20/+5	+9/0	+15/0	+22/0	+36/0	+58/0	+90/0	+150/0	±4.5	±7	+2/-7	+5/-10	+6/-16	-3/-12	0/-15	-7/-16	-4/-19	-12/-21	-9/-24	-13/-28	-17/-32	—	-22/-37
10	14	+400/+290	+260/+150	+205/+95	+93/+50	+59/+32	+43/+16	+17/+6	+24/+6	+11/0	+18/0	+27/0	+43/0	+70/0	+110/0	+180/0	±5.5	±9	+2/-9	+6/-12	+8/-19	-4/-15	0/-18	-9/-20	-5/-23	-15/-26	-11/-29	-16/-34	-21/-39	—	-26/-44
14	18	+400/+290	+260/+150	+205/+95	+93/+50	+59/+32	+43/+16	+17/+6	+24/+6	+11/0	+18/0	+27/0	+43/0	+70/0	+110/0	+180/0	±5.5	±9	+2/-9	+6/-12	+8/-19	-4/-15	0/-18	-9/-20	-5/-23	-15/-26	-11/-29	-16/-34	-21/-39	—	-26/-44
18	24	+430/+300	+290/+160	+240/+110	+117/+65	+73/+40	+53/+20	+20/+7	+28/+7	+13/0	+21/0	+33/0	+52/0	+84/0	+130/0	+210/0	±6.5	±10	+2/-11	+6/-15	+10/-23	-4/-17	0/-21	-11/-24	-7/-28	-18/-31	-14/-35	-20/-41	-27/-48	—	-33/-54
24	30	+430/+300	+290/+160	+240/+110	+117/+65	+73/+40	+53/+20	+20/+7	+28/+7	+13/0	+21/0	+33/0	+52/0	+84/0	+130/0	+210/0	±6.5	±10	+2/-11	+6/-15	+10/-23	-4/-17	0/-21	-11/-24	-7/-28	-18/-31	-14/-35	-20/-41	-27/-48	-33/-54	-40/-61
30	40	+470/+310	+330/+170	+280/+120	+142/+80	+89/+50	+64/+25	+25/+9	+34/+9	+16/0	+25/0	+39/0	+62/0	+100/0	+160/0	+250/0	±8	±12	+3/-13	+7/-18	+12/-27	-4/-20	0/-25	-12/-28	-8/-33	-21/-37	-17/-42	-25/-50	-34/-59	-39/-64	-51/-76
40	50	+480/+320	+340/+180	+290/+130	+142/+80	+89/+50	+64/+25	+25/+9	+34/+9	+16/0	+25/0	+39/0	+62/0	+100/0	+160/0	+250/0	±8	±12	+3/-13	+7/-18	+12/-27	-4/-20	0/-25	-12/-28	-8/-33	-21/-37	-17/-42	-25/-50	-34/-59	-45/-70	-61/-86
50	65	+530/+340	+380/+190	+330/+140	+174/+100	+106/+60	+76/+30	+29/+10	+40/+10	+19/0	+30/0	+46/0	+74/0	+120/0	+190/0	+300/0	±9.5	±15	+4/-15	+9/-21	+14/-32	-5/-24	0/-30	-14/-33	-9/-39	-26/-45	-21/-51	-30/-60	-42/-72	-55/-85	-76/-106
65	80	+550/+360	+390/+200	+340/+150	+174/+100	+106/+60	+76/+30	+29/+10	+40/+10	+19/0	+30/0	+46/0	+74/0	+120/0	+190/0	+300/0	±9.5	±15	+4/-15	+9/-21	+14/-32	-5/-24	0/-30	-14/-33	-9/-39	-26/-45	-21/-51	-32/-62	-48/-78	-64/-94	-91/-121
80	100	+600/+380	+440/+220	+390/+170	+207/+120	+126/+72	+90/+36	+34/+12	+47/+12	+22/0	+35/0	+54/0	+87/0	+140/0	+220/0	+350/0	±11	±17	+4/-18	+10/-25	+16/-38	-6/-28	0/-35	-16/-38	-10/-45	-30/-52	-24/-59	-38/-73	-58/-93	-78/-113	-111/-146

续表

基本尺寸/mm 公差等级

大于	至	A11	B11	C11(*)	D9(*)	E8	F8(*)	G7(*)	H6	H7(*)	H8	H9(*)	H10	H11(*)	H12	JS6	JS7	K6	K7	K8	M7	N6	N7	P6	P7(*)	R7	S7(*)	T7	U7(*)
100	120	+630/+410	+460/+240	+400/+180																						-41/-76	-66/-101	-91/-126	-131/-166
120	140	+710/+460	+510/+260	+450/+200																						-48/-83	-77/-117	-107/-147	-155/-195
140	160	+770/+520	+530/+280	+460/+210	+245/+145	+148/+85	+106/+43	+54/+14	+25/0	+40/0	+63/0	+100/0	+160/0	+250/0	+400/0	±12.5	±20	+4/-21	+12/-28	+20/-43	0/-40	-20/-45	-12/-52	-36/-61	-28/-68	-50/-90	-85/-125	-119/-159	-175/-215
160	180	+830/+580	+560/+310	+480/+230																						-53/-93	-93/-133	-131/-171	-195/-235
180	200	+950/+660	+630/+340	+530/+240																						-60/-106	-105/-151	-149/-195	-219/-265
200	225	+1030/+740	+670/+380	+550/+260	+285/+170	+172/+100	+122/+50	+61/+15	+29/0	+46/0	+72/0	+115/0	+185/0	+290/0	+460/0	±14.5	±23	+5/-24	+13/-33	+22/-50	0/-46	-22/-51	-14/-60	-41/-70	-33/-79	-63/-109	-113/-159	-163/-209	-241/-287
225	250	+1110/+820	+710/+420	+570/+280																						-67/-113	-123/-169	-179/-225	-267/-313
250	280	+1240/+920	+800/+480	+620/+300	+320/+190	+191/+110	+137/+56	+69/+17	+32/0	+52/0	+81/0	+130/0	+210/0	+320/0	+520/0	±16	±26	+5/-27	+16/-36	+25/-56	0/-52	-25/-57	-14/-66	-47/-79	-36/-88	-74/-126	-138/-190	-198/-250	-295/-347
280	315	+1370/+1050	+860/+540	+650/+330																						-78/-130	-150/-202	-220/-272	-330/-382
315	355	+1560/+1200	+960/+600	+720/+360	+350/+210	+214/+125	+151/+62	+75/+18	+36/0	+57/0	+89/0	+140/0	+230/0	+360/0	+570/0	±18	±28	+7/-29	+17/-40	+28/-61	0/-57	-26/-62	-16/-73	-51/-87	-41/-98	-87/-144	-169/-226	-247/-304	-369/-426
355	400	+1710/+1350	+1040/+680	+760/+400																						-93/-150	-187/-244	-273/-330	-414/-471
400	450	+1900/+1500	+1160/+760	+840/+440	+385/+230	+232/+135	+165/+68	+83/+20	+40/0	+63/0	+97/0	+155/0	+250/0	+400/0	+630/0	±20	±31	+8/-32	+18/-45	+29/-68	0/-63	-27/-67	-17/-80	-55/-95	-45/-108	-103/-166	-209/-272	-307/-370	-467/-530
450	500	+2050/+1650	+1240/+840	+880/+480																						-109/-172	-229/-292	-337/-400	-517/-580

注：1. 带*者为优先选用，其他为常用。
2. 摘自 GB/T 1800.3 及 GB/T 1801。

附录 D　AutoCAD 快捷键大全

绘图与修改	SPL 样条曲线	标注
A 绘圆弧	EL 椭圆	DLI 线型标注
L 绘直线	CH 特性	DAL 对齐标注
C 绘圆	CHA 倒角	DOR 坐标标注
I 插入块	BR 打断	DDI 直径标注
B 创建块	DI 查询距离	DAN 角度标注
H 图案填充	AREA 面积	QDIM 快速标注
D 标注样式管理器	ID 点坐标	DBA 基线标注
E 删除	MA 特性匹配	DCO 连续标注
F 圆角	MASSPROP 质量特性	LE 引线标注
G 群组	LS 列表显示	TOL 公差标注
M 移动	IME 时间	DLE 圆心标注
O 偏移	SETTVAR 设置变量	DRA 半径标注
P 平移	LA 图层	CAL 计算器
S 拉伸	COLOR 颜色	Alt+N+Q 快速
W 外部块	LT 线型管理	Alt+N+L 线型
V 视图对话框	LW 线宽管理	Alt+N+G 对齐
X 分解	UN 单位管理	Alt+N+O 坐标
Z 显示缩放	TH 厚度	Alt+N+R 半径
T 多行文字	捕捉:	Alt+N+D 直径
U 取消操作	TT 临时追踪点	Alt+N+A 角度
CO 复制	FROM 从临时参照到偏移	Alt+N+B 基线
MI 镜像	ENDP 捕捉到圆弧或线的最近端点	Alt+N+C 连续
AR 阵列	MID 捕捉圆弧或线的中点	Alt+N+E 引线
RO 旋转	INT 线、圆、圆弧的交点	Alt+N+T 公差
SC 比例	APPINT 两个对象的外观交点	Alt+N+M 圆心
LE 引线管理器	EXT 线、圆弧、圆的延伸线	Alt+N+Q 倾斜
EX 延伸	CEN 圆弧、圆心的圆心	Alt+N+S 样式
TR 修剪	QUA 圆弧或圆的象限点	Alt+N+V 替代
ST 文字样式管理器	TAN 圆弧或圆的象限点	Alt+N+U 更新
DT 单行文字	PER 线、圆弧、圆的重足	
PO 单点	PAR 直线的平行线	
XL 参照线	NOD 捕捉到点对象	
ML 多线	INS 文字、块、形或属性的插入点	
PL 多段线	NEA 最近点捕捉	
POL 多边形		
REC 矩形		

CAD 快捷键

F1：获取帮助	Ctrl+O：打开图像文件
F2：实现作图窗和文本窗口的切换	Ctrl+P：打开打印对话框
F3：控制是否实现对象自动捕捉	Ctrl+S：保存文件
F4：数字化仪控制	Ctrl+U：极轴模式控制(F10)
F5：等轴测平面切换	Ctrl+v：粘贴剪贴板上的内容
F6：控制状态行上坐标的显示方式	Ctrl+W：对象追踪式控制(F11)
F7：栅格显示模式控制	Ctrl+X：剪切所选择的内容
F8：正交模式控制	Ctrl+Y：重做
F9：栅格捕捉模式控制	Ctrl+Z：取消前一步的操作
F10：极轴模式控制	
F11：对象追踪式控制	
Ctrl+B：栅格捕捉模式控制(F9)	
Ctrl+C：将选择的对象复制到剪切板上	
Ctrl+F：控制是否实现对象自动捕捉(f3)	
Ctrl+G：栅格显示模式控制(F7)	
Ctrl+J：重复执行上一步命令	
Ctrl+K：超级链接	
Ctrl+N：新建图形文件	
Ctrl+M：打开选项对话框	
AA：测量区域和周长(area)	
AL：对齐(align)	
AR：阵列(array)	
AP：加载*lsp 程系	
AV：打开视图对话框(dsviewer)	
SE：打开对相自动捕捉对话框	
ST：打开字体设置对话框(style)	
SO：绘制二围面(2d solid)	
SP：拼音的校核(spell)	
SC：缩放比例 (scale)	
SN：栅格捕捉模式设置(snap)	
DT：文本的设置(dtext)	
DI：测量两点间的距离	
OI：插入外部对相	
Ctrl+1：打开特性对话框	
Ctrl+2：打开图像资源管理器	
Ctrl+6：打开图像数据原子	